【现代农业科技与管理系列】

优质专用小麦产业化经营

主　　编　黄正来
副 主 编　张文静　郑文寅　马尚宇
编写人员　张海鹏　樊永惠　卢　杰
　　　　　杨　茹　丁文金　程　颖

时代出版
时代出版传媒股份有限公司
安徽科学技术出版社

图书在版编目(CIP)数据

优质专用小麦产业化经营 / 黄正来主编. --合肥:安徽科学技术出版社,2022.12(2023.9重印)

助力乡村振兴出版计划. 现代农业科技与管理系列

ISBN 978-7-5337-7368-7

Ⅰ.①优… Ⅱ.①黄… Ⅲ.①小麦-栽培技术 Ⅳ.①S512.1

中国版本图书馆CIP数据核字(2022)第214638号

优质专用小麦产业化经营 主编 黄正来

出 版 人:王筱文 选题策划:丁凌云 蒋贤骏 余登兵

责任编辑:田 斌 吴 夙 责任校对:沙 莹

责任印制:李伦洲 装帧设计:王 艳

出版发行:安徽科学技术出版社 http://www.ahstp.net

(合肥市政务文化新区翡翠路1118号出版传媒广场,邮编:230071)

电话:(0551)63533330

印 制:安徽联众印刷有限公司 电话:(0551)65661327

(如发现印装质量问题,影响阅读,请与印刷厂商联系调换)

开本:720×1010 1/16 印张:8.5 字数:110千

版次:2022年12月第1版 印次:2023年9月第2次印刷

ISBN 978-7-5337-7368-7 定价:39.00元

出版说明

"助力乡村振兴出版计划"(以下简称"本计划")以习近平新时代中国特色社会主义思想为指导，是在全国脱贫攻坚目标任务完成并向全面推进乡村振兴转进的重要历史时刻，由中共安徽省委宣传部主持实施的一项重点出版项目。

本计划以服务乡村振兴事业为出版定位，围绕乡村产业振兴、人才振兴、文化振兴、生态振兴和组织振兴展开，由《现代种植业实用技术》《现代养殖业实用技术》《新型农民职业技能提升》《现代农业科技与管理》《现代乡村社会治理》五个子系列组成，主要内容涵盖特色养殖业和疾病防控技术、特色种植业及病虫害绿色防控技术、集体经济发展、休闲农业和乡村旅游融合发展、新型农业经营主体培育、农村环境生态化治理、农村基层党建等。选题组织力求满足乡村振兴实务需求，编写内容努力做到通俗易懂。

本计划的呈现形式是以图书为主的融媒体出版物。图书的主要读者对象是新型农民、县乡村基层干部、"三农"工作者。为扩大传播面、提高传播效率，与图书出版同步，配套制作了部分精品音视频，在每册图书封底放置二维码，供扫码使用，以适应广大农民朋友的移动阅读需求。

本计划的编写和出版，代表了当前农业科研成果转化和普及的新进展，凝聚了乡村社会治理研究者和实务者的集体智慧，在此谨向有关单位和个人致以衷心的感谢！

虽然我们始终秉持高水平策划、高质量编写的精品出版理念，但因水平所限仍会有诸多不足和错漏之处，敬请广大读者提出宝贵意见和建议，以便修订再版时改正。

本册编写说明

优质专用小麦是指品质优良并具有专门加工用途的小麦。随着社会的发展和人民生活水平的不断提高，人们对食品多样性、营养性和综合品质提出了更高的要求，对优质专用小麦的需求日益增长。发展优质专用小麦生产和实现产业化经营，是确保我国顺利实施优质粮食工程、建设粮食产业强国、推进乡村振兴战略不可或缺的重要举措。

为实现优质专用小麦产业化经营，提高小麦种植效益，促进农业增效、农民增收和助力乡村产业振兴，我们在国家重点研发计划"粮食丰产增效科技创新专项"及安徽省科技重大专项"弱筋小麦新品种选育及优质绿色生产技术研究与应用"等研究基础上，组织编写了《优质专用小麦产业化经营》。本书分为概述、优质专用小麦生产布局、优质专用小麦生产技术、优质专用小麦加工技术、优质专用小麦专业化服务体系五章，从优质专用小麦概念、质量标准到生态条件和区域化布局，从基地建设、种子繁殖、小麦栽培等生产技术到制粉、食品加工技术和产业化服务、品牌建设，全面系统介绍了优质专用小麦产业化经营的相关知识，内容丰富，技术先进适用，可操作性强，可为从事优质专用小麦生产、加工、经营等工作的管理和技术人员提供参考。

本书在编写过程中，参考、引用了相关文献资料，在此谨向其作者表示谢意。

目 录

第一章 概 述

第一节 优质专用小麦概念

优质专用小麦是指品质优良并具有专门加工用途的小麦，即品质达到国家优质小麦品种的品质标准，能够加工成具有优良品质的专用食品的小麦。在我国，优质专用小麦是随着市场变化而出现的一个阶段性的概念。优质是相对劣质而言，专用是相对普通而言。优质专用小麦必须具备三个基本特征：优质、专用、稳定。优质即品质优良，小麦品质是小麦形态品质、营养品质和加工品质的有机结合，能够达到相应的国家标准或行业标准的要求。专用是指具有专门用途的小麦，不同的食品具有不同的品质指标要求，能够达到相应的国家标准或行业标准的要求。所谓稳定，即品质稳定，优质专用小麦要求规模生产，区域化种植，单收单打单贮，防止混杂，保持种性纯正、品质稳定而优良。

在过去，小麦生产中强调以高产为主，而忽略了对品质的要求。随着社会的发展，人民生活水平不断提高，对食品多样性、营养性提出了更高的要求，出现了各种高档的面包、饼干、饺子和方便面等名目繁多的食品，过去大众化的“标准粉”已不适合制作这些高档的专用食品，专用面粉的生产已成为市场的需要。为了生产不同类型的面粉，对原料小麦提出了具体的要求，因而提出了“优质专用小麦”这一概念。

特定的面食制品需要专用的小麦粉制作，而专用的小麦粉需要一定类型的小麦来加工，适合加工和制作某种食品和专用粉的小麦对这种食品和面粉来说就是“优质专用小麦”。

第二节 优质专用小麦品质

小麦品质是一个极其复杂的综合概念。包括许多性状，概括起来主要有形态品质、营养品质和加工品质，彼此之间相互交叉、密切关联。

一 形态品质

形态品质主要是指小麦籽粒的外观特性和物理性状，包括形状、颜色、整齐度、饱满度和硬度等。它们不仅直接体现小麦的商品价值，也与小麦的营养品质和加工品质有密切关系。

1.形状

简称粒形，小麦粒形一般分为长圆形、卵圆形、椭圆形和圆形（图 1–1），可目测区分，也可利用螺旋器进行分类。小麦粒形与加工品质关系密切，粒形越接近圆形且腹沟较浅的小麦籽粒品质较好，出粉率高且面粉质量好。

长圆形

卵圆形

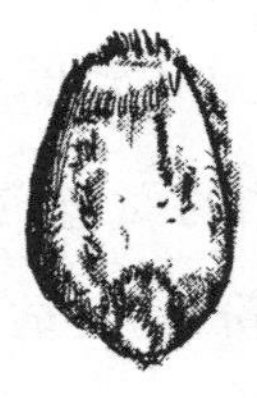
椭圆形

圆形

图1–1 小麦籽粒形状

2.颜色

简称粒色，小麦粒色是一种可遗传特性，取决于种被中色素的积累，可分为红色、琥珀色、黄色、黑色、褐色、绿色和白色等。生产上的白皮小麦是指粒色为白色、乳白色或黄白色的籽粒达 90%以上的小麦品种，其在加工时因麸星颜色浅且面粉较白而受到面粉加工业和消费者的青睐。深红色、红褐色麦粒达 90%以上的小麦品种则称为红皮小麦，因其具有较深的休眠特性，抗穗发芽能力强，常种植于我国长江中下游易发生穗发芽的麦区。粒色一般可目测判断，或利用光学显色分类仪器等判别。

3.整齐度

整齐度是指小麦籽粒大小和形状的一致性。同样的形状、大小的籽粒数量占总粒量 90%以上的为整齐，低于 70%的为不整齐。整齐度越高的品种，籽粒一致性越高，制粉时去皮损耗越小且出粉率越高。因此，小麦在加工前须进行清选和分级以提高出粉量。

4.饱满度

饱满度是小麦形态品质的一个重要指标，与小麦出粉率密切相关，饱满度高的籽粒出粉率高。衡量小麦籽粒饱满度的指标有腹沟深浅、容重和千粒重，腹沟浅、容重和千粒重均高的小麦籽粒饱满度高。生产上常用目测法来判别小麦籽粒的饱满度。

5.硬度

硬度是指小麦籽粒胚乳质地的软硬程度，取决于胚乳中蛋白质与淀粉结合的紧密程度，是国际通用的小麦类别和贸易等级的指标。国际流通的小麦常分为硬质小麦和软质小麦。

小麦硬度不同，其制粉特性存在较大差异，影响小麦润麦时间、加水量、粉碎耗能、筛理效率和出粉率等。硬质小麦胚乳内部蛋白质和淀粉结合紧密，胚乳外层与小麦皮层结合较松，具有胚乳硬、皮薄易碎的特点。

因此在制粉时，需要较多水分和较长时间进行润麦，碾磨耗能大，粉碎物多为流动性较强、沙砾状的大颗粒，易于筛理，面粉麸皮少、色泽好、灰分低，出粉率高。软质小麦胚乳细胞结构疏松，蛋白质与淀粉之间的结合很容易破裂。软质小麦在润麦时需水较少且润麦时间短，在碾磨时易产生细小而不规则的颗粒，在筛理时易形成团块状造成粉路堵塞，面粉麸皮率高，出粉率低。

小麦籽粒的硬度也与加工品质有关。硬质小麦胚乳质地较硬，将其碾磨成粉需要相对较多的研磨道数，加工精度越高，破损淀粉粒越多，造成小麦粉吸水率增大。硬质小麦通常蛋白质和面筋含量都比较高，主要用于制作吸水量高的面包等食品。软质小麦研磨出来的粉细腻且破损淀粉粒相对较少，面粉吸水少，在和面和发酵时很少膨胀，面粉不易变形、易烘干，适合制作饼干、糕点等食品。

6.角质率

角质率主要由胚乳质地决定。角质又叫玻璃质，其胚乳结构紧密，呈半透明状；粉质胚乳结构疏松，呈石膏状。凡角质占籽粒横截面 1/2 以上的籽粒称为角质粒，含角质粒 70%以上的小麦称为硬质小麦。硬质小麦的籽粒蛋白质含量和面筋含量较高，主要用于做面包等食品。角质占籽粒横截面 1/2 以下(包括 1/2)的籽粒称为粉质粒，含粉质粒 70%以上的小麦称为软质小麦。软质小麦一般籽粒蛋白质含量和面筋含量较低，适合做饼干、糕点等。介于硬质和软质中间型小麦籽粒蛋白质含量和面筋含量中等，一般适宜做馒头、面条等食品。

7.容重

容重是反映小麦籽粒形状、整齐度、饱满度和胚乳质地的综合性指标，容重大的小麦品种，籽粒整齐度高、籽粒饱满、胚乳质地更致密。容重还是小麦收购、储运、加工和贸易中分级的重要依据，是我国现行商品小麦收购的质量标准和定价依据。目前,我国小麦质量标准按容重大小分为五个等级,一级小麦容重的最低标准是790 g/L,一级以下每差20 g/L为一个等级。此外,容重与制粉品质尤其是出粉率相关,在一定范围内增加容重可提高小麦出粉率,降低灰分含量。可用容重仪测定小麦容重。

8.不完善粒

不完善粒指受到损伤但尚有使用价值的小麦颗粒,是小麦国家质量标准中重要质量指标之一。小麦不完善粒包括虫蚀粒、黑胚粒、赤霉病粒、破损粒、生芽粒和生霉粒等。

二 营养品质

小麦的营养品质是指其所含的营养物质对人(畜)营养需要的适合性和满足程度,包括营养成分的多少、各种营养成分是否全面和均衡等。小麦的营养品质与化学成分紧密相关,目前,小麦的营养品质主要指蛋白质含量及其氨基酸组成的平衡程度。随着人们生活水平的提高,对小麦其他方面的营养品质的关注也越来越多,主要包括矿物质元素、抗营养因子等。

1.蛋白质及氨基酸

蛋白质是生命有机体的物质基础,是人体氮的唯一来源。氨基酸是组成蛋白质的基本单位,小麦籽粒蛋白质是由20多种基本氨基酸组成的,含有人体必需的8种氨基酸。小麦蛋白质中氨基酸最为缺乏的是人体内第一需要的赖氨酸,平均含量在0.36%左右,其含量只能满足人体需要的45%。因此,提高小麦籽粒中蛋白质的赖氨酸含量至关重要。

普通小麦籽粒的蛋白质含量平均在13%左右,小麦粉蛋白质含量稍低。我国生产上应用的绝大多数小麦品种蛋白质含量在12%~16%,低于

12%和高于16%的品种不多。小麦蛋白质含量受生态条件的影响从南到北呈现上升趋势，我国春小麦的蛋白质含量稍高，略低于北部冬麦区而高于南方冬麦区。通常制作面包的小麦品种要求其蛋白质含量高于14%，适宜制作饼干、蛋糕等的小麦蛋白质含量低于12%。

2.矿物质元素

小麦籽粒中含有铁、铜、锌、硒等人体必需的矿物质元素，矿物质在人体内需要量虽少，但作用很大，它是构成人体骨骼、体液的主要成分，并能维持人体体液的酸碱平衡。衡量矿物质营养品质时，不仅要考虑其种类与含量高低，而且要考虑这些元素的生物有效性。

3.戊聚糖

戊聚糖作为一种细胞壁物质，其含量多少、与其他物质之间结合的强弱直接影响小麦的硬度、小麦的加工品质、面团的流变学特性、面包的烘焙品质以及淀粉的回生等。同时，从营养品质来看，戊聚糖可增加肠道内有益菌的含量，从而改善肠道内的环境，可使肠道保持一定的充盈度，增加饱腹感，还能形成黏稠的水溶液并具有降低血清胆固醇的作用。

4.抗性淀粉

抗性淀粉(RS)也称为功能性膳食纤维，在小肠中抗消化，在结肠中发酵产生大量短链脂肪酸，从而降低结肠的pH，产生的短链脂肪酸对结肠炎有很好的防治作用。另外，抗性淀粉在控制体重、改善脂质构成、减低血浆胆固醇和甘油三酯、预防脂肪肝等方面也有显著作用，并且抗性淀粉较传统膳食纤维在食物口感、风味、色泽以及加工特性上更胜一筹。

三 加工品质

将小麦籽粒磨制加工成面粉，再加工成各种面食制品，这个过程中对小麦品质的要求，称其为加工品质。小麦的加工品质包括磨粉品质和食品加工品质。

（一）磨粉品质

磨粉品质也称一次加工品质，是指清选后的小麦籽粒经过润麦、碾磨、过筛，将胚、果种皮和糊粉层与胚乳分离，其中胚、果种皮和糊粉层三者统称为麸皮，磨过的胚乳称为面粉。磨粉品质可由不同指标来衡量，包括出粉率、面粉灰分、面粉颜色等。

1.出粉率

出粉率是衡量小麦磨粉品质的关键指标，是指单位重量小麦籽粒所磨制的面粉与籽粒重的比值。通常籽粒大、种皮薄、腹沟浅、圆形或近圆形、整齐一致的小麦籽粒的出粉率高。小麦籽粒的理论出粉率在82%左右，而实验磨（Buhler磨、Brabender磨等）统粉出粉率在72%~75%。出粉率是面粉企业最为关心的小麦品质指标，也是世界各国制定小麦等级标准的重要评价指标，但在品质育种的早代选择中，由于群体的限制，测定这一指标还存在着一定难度。

2.面粉灰分

灰分是评价磨粉品质的一项重要指标，是指小麦籽粒中矿质元素氧化物的含量。在生产上常用来衡量面粉的精度，灰分越少精度越高，加工的产品色泽亮白，深受消费者喜欢；反之则精度低，加工的产品发灰发暗，不受消费者青睐。灰分含量既是一个受小麦品种基因型影响的性状，也易受加工时籽粒清理程度和出粉率的影响。籽粒清理不干净时，残留的泥沙和其他杂物增多，也会提高灰分含量。出粉率高时，麸皮进入面粉的比例大;灰分一般与出粉率呈正相关,与粉色及食品加工品质呈负相关。

3.面粉颜色

面粉颜色是衡量磨粉品质的又一个重要指标。入磨小麦中杂质、小麦的含量(发霉小麦、穗发芽小麦等)、面粉颗粒大小及面粉中水分含量、面粉中的黄色素及氧化酶类等都影响面粉色泽。一般来说,软麦比硬麦的粉色稍浅,白麦比红麦的粉色稍浅。面粉颜色除与品种特性有关外,同一小麦品种的粉色深浅还取决于加工精度。一般出粉率低的小麦面粉洁白而有光泽,反之则呈暗灰色。面粉颜色还取决于胚乳颜色,据此可判断面粉的新鲜程度:新鲜面粉因含有胡萝卜素而略带微黄,贮藏时间较久的面粉因胡萝卜素被氧化而变白。面粉颜色通常用白度计测定。

(二)食品加工品质

针对我国民众的小麦面食品消费习惯,食品加工品质可以分为烘焙品质和蒸煮品质两大类。小麦面食品烘焙品质在面包类和糕点类有所不同。

1.面包品质

面包品质一般指面包烘烤品质,实际指的是面团发酵时形成的二氧化碳气体及保持这些气体的能力,主要决定于小麦蛋白质、面筋含量、质量及其他品质性状。面包品质优劣主要用面包评价得分来表示,面包评价的内容包括外部评价和内部评价,外部评价包括面包体积、面包形状、表皮色泽,内部评价包括包心色泽、平滑度、纹理结构、弹揉性和口感等。优质面包应具备体积大、面包心空隙小而均匀、壁薄、结构匀称、松软有弹性、洁白美观、面包皮着色深浅适度、无裂缝和气泡、味美适口等特点。

2.糕点品质

糕点的种类繁多,从风味、制作和来源上总的可分为中式糕点和西式糕点两大类。中式糕点小麦粉用量较大,并以油、糖、蛋等为主要辅料,在风味上以甜味和天然香味为主，熟制方法常有烘烤、蒸制、油炸等。西式糕点侧重以奶、糖、蛋等为主要辅料，在风味上有明显的奶香味，制作则有夹馅、挤花等。优质蛋糕要求体积大，比容大，表色亮黄，正常隆起，底面平整，不收缩、不塌陷、不溢边、不黏，外形完整，内部颗粒细，孔泡小而均匀，孔壁薄、柔软、湿润，颜色白亮略黄，口感绵软、细腻、味正，无粗糙感。

3.面条品质

根据加工原料和制作工艺不同，可将面条分为两大类：一类是硬粒小麦的面制品，主要包括通心面和意大利实心面条等；另一类是用普通小麦制作的东方面条，主要有日本乌冬面及加盐白面条、中国加碱黄面条、中国白面条、方便面等。中国面条和日本面条的最大区别在于日本面条如乌冬面要求乳白色，表面光滑，质地软且有弹性；而中国面条则要求煮熟后色泽白亮，结构细密，光滑、适口，硬度适中，有弹性，有咬劲，爽口不粘牙，具有清香味，不易糊汤和断条。

挂面是我国最为常见的面条加工形式。挂面品质主要有面条外观色泽、断条率、整齐度以及内在的食用品质，如煮熟后的口感、蒸煮损失率和耐煮性等。优质挂面应是面条光滑、棱锋分明、横断面呈规则的方形，煮熟后色泽亮白亮黄，结构细密，光滑、适口、硬度适中，有韧性，有咬劲，富有弹性，爽口不粘牙，有麦香味。

加碱黄面条由面粉、水、盐碱（如碳酸钠或碳酸钾）等混合制作而成。加碱黄面条除要求面条富有弹性，光滑、适口外，还要求面条颜色呈亮黄色；由于食碱影响淀粉膨胀率，故对淀粉品质的要求不严格。对需要以新鲜面条形式出售的面条，其色泽的稳定性是非常重要的。

第三节　优质专用小麦质量标准

一 小麦等级分类标准

2008年，国家质量监督检验检疫总局和国家标准化管理委员会以容重、不完善粒、杂质、水分和色泽、气味为评价指标，制定了小麦等级的国家标准《小麦》，将小麦籽粒质量分为6个等级。各类小麦按容重分为5个等级（表1–1），低于5等的小麦为等外小麦。

表1－1　小麦质量指标（GB1351—2008）

<table>
<tr><th rowspan="2">等级</th><th rowspan="2">容重/(g/L)</th><th rowspan="2">不完善粒/%</th><th colspan="2">杂质/%</th><th rowspan="2">水分/%</th><th rowspan="2">色泽、气味</th></tr>
<tr><th>总量</th><th>其中:矿物质</th></tr>
<tr><td>1</td><td>≥790</td><td>≤6.0</td><td rowspan="5">≤1.0</td><td rowspan="5">≤0.5</td><td rowspan="5">≤12.5</td><td rowspan="5">正常</td></tr>
<tr><td>2</td><td>≥770</td><td>≤6.0</td></tr>
<tr><td>3</td><td>≥750</td><td>≤8.0</td></tr>
<tr><td>4</td><td>≥730</td><td>≤8.0</td></tr>
<tr><td>5</td><td>≥710</td><td>≤10.0</td></tr>
</table>

二 小麦品种品质分类标准

根据小麦的营养品质和特定用途，2013年我国颁布了《小麦品种品质分类》，将我国小麦分为四类（表1–2）。

表1－2　小麦品种的品质指标（GB/T 17320—2013）

<table>
<tr><th colspan="2" rowspan="2">项目</th><th colspan="4">指标</th></tr>
<tr><th>强筋</th><th>中强筋</th><th>中筋</th><th>弱筋</th></tr>
<tr><td rowspan="2">籽粒</td><td>硬度指数</td><td>≥60</td><td>≥60</td><td>≥50</td><td><50</td></tr>
<tr><td>粗蛋白质（干基）/%</td><td>≥14.0</td><td>≥13.0</td><td>≥12.5</td><td><12.5</td></tr>
</table>

续表

项目		指标			
		强筋	中强筋	中筋	弱筋
小麦粉	湿面筋含量(14%水分基)/%	≥30	≥28	≥26	<26
	沉淀值(Zeleny 法)/mL	≥40	≥35	≥30	<30
	吸水量/(mL/100g)	≥60	≥58	≥56	<56
	稳定时间/min	≥8.0	≥6.0	≥3.0	<3.0
	最大拉伸阻力/EU	≥350	≥300	≥200	—
	能量/cm^2	≥90	≥65	≥50	—

强筋小麦:胚乳为硬质,小麦粉筋力强,适于制作面包或用于配麦。

中强筋小麦:胚乳为硬质,小麦粉筋力较强,适于制作方便面、饺子、馒头、面条等食品。

中筋小麦:胚乳为硬质,小麦粉筋力适中,适于制作面条、饺子、馒头等食品。

弱筋小麦:胚乳为软质,小麦粉筋力较弱,适于制作馒头、蛋糕、饼干等食品。

三 专用小麦粉分类标准

按加工食品的种类把小麦分为面包专用、馒头专用、面条专用、饺子专用、饼干和糕点专用小麦。

1.面包专用小麦

要求蛋白质含量高、面筋质量好、沉淀值高、面团稳定时间较长、面包评分较高,基本对应于优质强筋小麦的标准。制作面包的专用粉除了需要测定小麦粉的理化指标外,还需要测定烘焙品质,其最重要的指标包括面包体积、比容、面包评分等。

2.馒头专用小麦

是指适合于制作优质馒头的小麦, 馒头是我国人民的主要传统食品，据统计目前我国北方用于制作馒头的小麦粉占面粉用量的70%以上。我国北方大部分地区种植的小麦都能达到制作馒头所需的小麦粉的质量要求。馒头专用小麦一般需要中等筋力，面团具有一定的弹性和延伸性，稳定时间在3~5 min，形成时间以短些为好，灰分低于0.55%。优质馒头要求体积较大，色白，表皮光滑，复原性好，内部孔隙小而均匀，质地松软，细腻可口，有麦香味等。1993年我国颁布了馒头专用小麦粉的行业标准，制定了小麦粉的理化指标（表1–3）。

表1－3　馒头专用小麦粉理化指标(SB/T 10139—93)

项目	精制级	普通级
水分/%	≤14.0	
灰分(以干基计)/%	≤0.55	≤0.70
粗细度	全部通过CB36号筛	
湿面筋/%	25.0～30.0	
粉质曲线稳定时间/min	≥3.0	
降落数值/s	≥250	
含砂量/%	≤0.02	
磁性金属物/(g/kg)	≤0.003	
气味	无异味	

3.面条专用小麦

是指适合于制作优质面条（包括切面、挂面、方便面等）的专用小麦，面条起源于我国，是我国人民普遍喜欢的传统食品，也是亚洲的大众食品。面条专用小麦应具有一定的弹性、延展性，出粉率高，面粉色白，麸星和灰分少，面筋含量较高，强度较大，支链淀粉较多，色素含量较低等。影响面条品质的主要因素是蛋白质含量、面筋含量、面条强度和淀粉糊黏性等，我国商业部1993年制定了面条专用小麦粉的行业标准（表1–4）。意大利实心面条和通心面是由硬粒小麦加工而成的，主要在意大利和其他欧美国家食用，在我国食用相对较少，我国的面条专用小麦粉的标准并不包括硬粒小麦的面条产品。

表 1-4　面条专用小麦粉理化指标(SB/T 10137—93)

项目		精制级	普通级
水分/%		≤14.5	
灰分(以干基计)/%		≤0.55	≤0.70
粗细度	CB36 号筛	全部通过	
	CB42 号筛	留存量不超过 10.0%	
湿面筋/%		≥28.0	≥26.0
粉质曲线稳定时间/min		≥4.0	≥3.0
降落数值/s		≥200	
含砂量/%		≤0.02	
磁性金属物/(g/kg)		≤0.003	
气味		无异味	

4.饺子专用小麦

饺子距今已有 1 800 多年的历史，有水饺、蒸饺、煎饺等分类。制作饺子的小麦粉需要达到一定的品质指标，对面粉的精细度、水分、灰分、湿面筋含量、粉质曲线稳定时间、降落数值、含砂量、磁性金属物含量等都有相应的要求，为此制定了饺子专用小麦粉的行业标准(表 1–5)。

表 1-5　饺子专用小麦粉理化指标(SB/T 10138—93)

项目		精制级	普通级
水分/%		≤14.5	
灰分(以干基计)/%		≤0.55	≤0.70
粗细度	CB36 号筛	全部通过	
	CB42 号筛	留存量不超过 10.0%	
湿面筋/%		28～32	

续表

项目	精制级	普通级
粉质曲线稳定时间/min	≥3.5	
降落数值/s	≥200	
含砂量/%	≤0.02	
磁性金属物/(g/kg)	≤0.003	
气味	无异味	

5.饼干和糕点专用小麦

饼干和糕点的种类很多，但其专用小麦的面粉均要求以弱筋小麦为好。我国生产的普通小麦虽然面筋质量差，但由于蛋白质和面筋含量较高，也不适于制作优质饼干和糕点。为了规范软质小麦品种的选育和生产，我国颁布了作为生产饼干、糕点等低面筋食品的低筋小麦粉的国家标准(表1-6)。

表1-6　低筋小麦粉标准(GB 8608—88)

等级	一级	二级
面筋质(以湿基计)/%	<24.0	
蛋白质(以干基计)/%	≤10.0	
灰分(以干基计)/%	≤0.60	≤0.80
粉色、麸星	按实物标准样品对照检验	
粗细度	全部通过CB36号筛，留存在CB42号筛的不超过10.0%	全部通过CB30号筛，留存在CB36号筛的不超过10.0%
含砂量/%	≤0.02	
磁性金属物/(g/kg)	≤0.003	
水分/%	≤14.0	
脂肪酸值(以湿基计)	≤80	
气味、口味	正常	

四 食品安全国家标准

糕点和面包是我国商品市场上受欢迎的常见食品，2015年国家发布了新的糕点、面包的食品安全国家标准（GB 7099—2015），对糕点、面包的原料要求、感官要求（表1–7）、理化指标（表1–8）、污染物限量、微生物限量（表1–9）以及食品添加剂和食品营养强化剂等做出了规定。

表1－7　糕点、面包感官要求（GB 7099—2015）

项目	要求	检验方法
色泽	具有产品应有的正常色泽	将样品置于白瓷盘中，在自然光下观察色泽和状态，检查有无异物。闻其气味，用温开水漱口后品其滋味
滋味、气味	具有产品应有的气味和滋味，无异味	
状态	无霉变、无生虫及其他正常视力可见的外来异物	

表1－8　糕点、面包理化指标（GB 7099—2015）

项目	指标	检验方法
酸价（以脂肪计）（KOH）/（mg/g）	≤5	GB 5009. 229
过氧化值（以脂肪计）/（g/100 g）	≤0. 25	GB 5009. 227

注：酸价和过氧化值指标适用于配料中添加油脂的产品。

表1－9　糕点、面包微生物限量（GB 7099—2015）

项目	采样方案[a]及限量				检验方法
	n	c	m	m	
菌落总数[b]/（CFU/g）	5	2	10^4	10^5	GB 4789. 2
大肠菌群[b]/（CFU/g）	5	2	10	10^2	GB 4789. 3 平板计数法
霉菌[c]/（CFU/g）	150				GB 4789. 15

a：样品的采集及处理按GB 1789. 1执行。

b：菌落总数和大肠菌群的要求不适用于现制现售产品，以及含有未熟制的发酵配料或新鲜水果蔬菜的产品。

c：不适用于添加了霉菌成熟干酪的产品。

饼干是我国商品市场上常见的食品，2015 年国家发布了新的饼干的食品安全国家标准（GB 7100—2015），对饼干原料要求、感官要求（表 1–10）、理化指标（表 1–11）、污染物限量、微生物限量（表 1–12）以及食品添加剂和食品营养强化剂等做出了规定。

表 1 - 10　饼干感官要求（GB 7100—2015）

项目	要求	检验方法
色泽	具有产品应有的正常色泽	将样品置于白瓷盘中，在自然光下观察色泽和状态，检查有无异物，闻其气味，用温开水漱口后品其滋味
滋味、气味	无异嗅、无异味	
状态	无霉变、无生虫及其他正常视力可见的外来异物	

表 1 - 11　饼干理化指标（GB 7100—2015）

项目	指标	检验方法
酸价（以脂肪计）（KOH）/（mg/g）	≤5	GB 5009. 229
过氧化值（以脂肪计）/（g/100 g）	≤0. 25	GB 5009. 227

注：酸价和过氧化值指标适用于配料中添加油脂的产品。

表 1 - 12　饼干微生物限量（GB 7100—2015）

项目	采样方案[a] 及限量				检验方法
	n	c	m	m	
菌落总数/（CFU/g）	5	2	10^4	10^5	GB 4789. 2
大肠菌群/（CFU/g）	5	2	10	10^2	GB 4789. 3 平板计数法
霉菌/（CFU/g）	≤50				GB 4789. 15

a：样品的采集及处理按 GB 4789. 1 执行。

方便面也是我国商品市场上常见的畅销食品，2015 年我国发布了新的方便面的食品安全国家标准（GB 17400—2015），对方便面原料要求、感官要求（表 1–13）、理化指标（表 1–14）、污染物限量、微生物限量（表 1–15）以及食品添加剂和食品营养强化剂等做出了规定。

表 1-13　方便面感官要求(GB 17400—2015)

项目	要求	检验方法
色泽	具有产品应有的正常色泽	按食用方法取适量被检测样品置 500 mL 无色透明烧杯中，在自然光下观察色泽、状态，闻其气味，用温开水漱口后品其滋味
滋味、气味	无异嗅、无异味	
状态	外形整齐或一致，无正常视力可见外来异物	

表 1-14　方便面理化指标(GB 17400—2015)

项目	指标	检验方法
水分/(g/100 g) 油炸面饼 非油炸面饼	 ≤10.0 ≤14.0	GB 5009.3
酸价(以脂肪计)(KOH)/(mg/g) 油炸面饼	≤1.8	GB 5009.229
过氧化值(以脂肪计)/(g/100 g) 油炸面饼	≤0.25	GB 5009.227

表 1-15　方便面微生物限量(GB 17400—2015)

项目	采样方案[a] 及限量				检验方法
	n	c	m	m	
菌落总数[b]/(CFU/g)	5	2	10^4	10^5	GB 4789.2
大肠菌群[b]/(CFU/g)	5	2	10	10^2	GB 4789.3 平板计数法

a:样品的采集及处理按 GB 4789.1 执行。

b:仅适用于面饼和调料的混合检验。

第四节　优质专用小麦产业化经营

随着种植业结构调整的深化，小麦生产不仅需要从追求高产向追求质量和效益方向转变，而且还要注重优质专用小麦市场的开拓和产业化体系的发展。由于小麦必须通过加工转化成面粉才能用于制作食品，因此，通过与小麦加工和流通企业的联合，建立优质专用小麦生产基地，组织订单生产和销售，推进产加销一条龙、贸工农一体化，从而实现优质专用小麦的组织化生产和产业化经营，既符合我国农业产业发展的趋势，又有利于小麦生产的高效持续发展，是优质专用小麦实现优质专用、优质优价的保证，也是农业质量健康发展的前提。

一 优质专用小麦产业化的概念

小麦产业化是小麦生产、加工与流通组成的完整的产业体系，是一种新型的小麦生产经营方式和管理体系。小麦产业化体系包括科研开发、教育培训、生产基地、产品加工和商业贸易等领域，是一、二、三产业紧密结合、相辅相成的综合性产业体系。该体系以市场需求为导向，按照互惠互利原则，把小麦产业的产前、产中、产后的各环节有机结合，形成集经济、科研、教育、生产、加工、销售于一体的利益共同体，通常的经营模式有“公司+农户”、“企业+基地”、农村合作组织等。

优质专用小麦产业化是以市场为导向，以承包经营为基础，以效益为中心，依靠龙头企业、合作经济组织等市场组织的带动和科技进步，对优质专用小麦实行区域化布局、规模化种植、基地化生产、一体化经营、社会化服务、企业化管理，形成产加销一条龙、贸工农一体化的生产经营方式和产业组织形式。

二 优质专用小麦产业化经营的实质

优质专用小麦产业化经营不同于封闭、分散的单个农户的生产经营，而是以市场化、社会化、规模化为基础的生产经营，是生产过程、经营方式、组织体制和机制的创新。

1.从生产过程看，具有市场化、社会化、规模化生产的特征

传统的小麦生产是农户主要为自己的消费生产，不是为了交换而进行生产，从而体现出这种生产方式一方面具有小规模化特点，生产规模仅能满足生存的基本需求；另一方面具有封闭性特点，从生产过程的开始到结束都是自己独立完成。而优质专用小麦产业化经营则把农户推向了市场，其生产目的在于交换而获得利润。生产规模的大小，决定了小麦的批量、加工品质、价格和利用价值，决定了获取利润的大小，追求规模的扩张、质量的改善、价格的提高就成为其内在的强烈要求。优质专用小麦产业化经营立足市场，决定了生产过程是开放的，是在市场的比较中进行准确定位的过程。在市场中取胜和获得优势，必然要求农户参与社会分工，种植市场和企业需要的品种，实行社会化生产。现代农业生产是一个分工越来越精细、生产方式越来越专业的农业形态。只有以市场化、社会化、规模化为基础，优质专用小麦生产才能符合市场要求，获得更多的比较效益。

2.从经营方式看，具有提升小麦经营主体市场竞争能力的特征

优质专用小麦产业化经营是农业生产者(农户、农场等)为了提升自身的市场竞争地位而走向集中和联合的一种新型经营方式，它使小麦生产者之间或者与其产前、产后部门的相关企业签订一个或松或紧的长期合约，来代替市场中相应的一系列临时性交易关系。各经营主体组成的共同体引入了“非市场安排”，如提供保护价、利润返还、优质优价等，有利于灵活、及时、稳定地协调小麦的产供销活动，消除了由市场结构的完全竞争性所引发的破坏性过度竞争行为，实现小麦市场结构向垄断竞争的转变，使农户克服内部规模不经济困境而获得外部规模经济。优质专用小麦产业化经营作为贸工农一体化经营方式，促进了农业和农村经济的重组和发展，通过优质专用小麦产业内市场关系的整合，产业组织的

创新,提升了农业经营主体的市场竞争能力。

3.从组织体制和利益机制看,具有利益共享、风险共担的特征

将生产、加工、销售各个环节紧密结合,将千家万户的农民与相关龙头企业和组织结合,其内在的根据在于农户与龙头企业之间的共同利益关系。龙头企业与农户之间的组织形式与利益机制,是实施优质专用小麦产业化经营的核心。建立比较稳定的利益联结机制是农户和企业共同的要求和选择。在产业化经营中,龙头企业运用各种方式使农民得到实惠,农民以稳定优质的产品供给保持龙头企业持续发展,从而使两者实现共同发展。市场经营必有风险,产业化经营能使市场风险由联合的组织来承担和化解,或者使龙头企业通过建立风险基金、最低收购保护价、按农户出售小麦的数量适当返还利润等多种方式,减少市场对农民的负面冲击。利益共享、风险共担的利益机制,最终保证了小麦经营的效益提高、风险下降,从而促进优质专用小麦产业得到协调发展。

三 优质专用小麦产业化经营的构成要素

优质专用小麦产业化经营的构成一般包括龙头企业、生产基地、主导产品、市场体系和社会服务体系五大要素。

1.龙头企业

优质专用小麦产业化的龙头企业是指在小麦产业化中,依托小麦产品生产基地建立规模较大、辐射带动作用较强,具有引导生产、深化加工、服务基地和开拓市场等综合功能,与基地农户形成“风险共担、利益均沾”机制的小麦产品加工企业、流通企业、专业批发市场或合作经济组织。

2.生产基地

生产基地是指围绕龙头企业或市场建立的,联合众多农户形成的小

麦专业生产区域或生产组织形式，是龙头企业与农户联结的桥梁。

3.主导产品

主导产品是指小麦产业化经营中，市场需求量大、生产技术先进、生产规模大、商品率高、经济效益显著，能够大幅度地增加农民收入，对产业整体发展具有强烈推动作用的产品。

4.市场体系

市场体系是指以商品市场为中心，以资金、土地、技术、劳动力、信息等多种市场要素组成的有机统一体。只有加强市场体系建设，以市场为导向，培育主导产业，带动区域化生产，把生产与销售联结起来，才能提高小麦产业化经营的市场化水平。

5.社会服务体系

社会服务体系是指为满足小麦产业化经营的需要，为小麦产业提供产前、产中、产后各项服务的国家各级有关部门、农村合作经济组织和社会服务机构。

第二章 优质专用小麦生产布局

第一节 优质专用小麦生态条件

影响小麦产量和质量的生态环境主要是自然条件和人工条件。气象和土壤属于自然条件,不同的农业管理措施包括灌溉、施肥、病虫草害防治等形成的种植制度属于人工条件。我国幅员辽阔,从北到南,小麦种植生态环境差异巨大,形成不同的小麦种植生态区域,因此应进行因地制宜的生产布局。优质专用小麦的生产更是离不开适宜的种植生态环境。

一 我国麦区气象条件

小麦是一种适应性极强的禾谷类作物,分布极广。在我国北至黑龙江省的漠河地区,南至广东、台湾地区南部及海南省,均可种植小麦。这些种植区域纬度上横跨寒温带、温带、亚热带等气候带,年平均气温差异巨大。而从东南沿海至内陆地区,也经过从海洋性气候到大陆性干旱半干旱气候的变化。因此在整个小麦种植区域内,南北方、东西部影响小麦播种、生长直至成熟的年降水量、无霜期、积温和日照时数等气象条件差异明显,造成不同地区小麦生态适应性有所差别,冬、春小麦对降水、积温等的要求也各不相同。

适宜种植冬小麦的南北、东西区域降水差异很大,年降水量从内陆地区的 100 mm 左右(个别地区终年无降水)到东南沿海 2 500 mm 以上,降水分布极为不均,多集中在 6、7、8 月这 3 个月,占全年降水量的 60%以上。冬小麦生育期间降水量最多的可达 900 mm,降水量少的仅在 20 mm 以下。春小麦生育期间降水量从 20 mm 至 300 mm 不等。

小麦的一生尤其是从播种至成熟,需要一定的积温和日照时数。相比较而言,通常冬小麦播种至成熟积温比春小麦高,而冬小麦所需日照时数也比春小麦长。冬小麦从播种至成熟需要大于 0℃的积温为 1 800~2 600℃,全国范围内,能满足这一最高积温的地区是新疆地区,华南地区积温最少。而春小麦播种至成熟需要大于 0℃的积温为 1 200~2 400℃,能达到最高积温的春小麦区依然是新疆,而辽宁春小麦所获得的积温最少。以播种到成熟日照时数而言,冬小麦为 400~2 800 h,春小麦为 800~1 600 h,均以西藏最多。

无霜期在全国范围变化也很大,青藏高原部分地区全年有霜,而海南省则终年无霜,其他各个麦区的无霜期情况分别为:东北麦区无霜期不到 150 天,初霜多见于 9 月中旬,4 月下旬终霜;华北麦区无霜期约 200 天,10 月中旬出现初霜,4 月上旬终霜;长江流域麦区无霜期有所增长,从 4 月开始到 11 月结束约 250 天;华南地区无霜期 300 天以上,有的年份全年无霜。

二 我国麦区土壤条件

我国小麦种植适应性强,从陆地和主要海岛都可种植,不同区域中土壤发育条件以及类型又是极大不同的,因此我国麦区土壤条件复杂,首先表现为土壤类型多样。如东北平原麦区多为肥沃的黑钙土,其次为草甸土、沼泽土和盐渍土。华北平原麦区的土壤类型主要是褐土、潮土,部分是黄土与棕壤,还有小部分为砂姜黑土和水稻土。长江流域麦区土壤类型比较复杂，长江流域上游就包括了汉水流域的褐土和棕壤，云贵高原的红壤和黄壤，四川盆地主要是冲积土、紫棕壤和水稻土；长江中下游平原主要有黄棕壤、潮土和水稻土，其中淮南丘陵为黄壤、黄褐土，江西有大面积红壤。华南地区主要是红壤和黄壤；新疆南部地区多为灰钙土、灌淤土、棕漠土，北部地区多为灰钙土、灰漠土和灌淤土。其他比较特殊的土壤类型还包括西藏农业区河流两岸的砂性重的石灰性冲积土，青海高原农业区的灰钙土和栗钙土、灰棕漠土、棕钙土和淡栗钙土，沿渤海湾的大片盐碱土，内蒙古、宁夏等地的黄土和河套灌淤土。不同的土壤条件也造就了不同地区各具特色的小麦种植制度和栽培管理措施。

其次，全国麦区范围内的土壤颗粒组成和质地也有很大差异。从西部干旱区到东部湿润区，我国土壤呈现粗颗粒到细颗粒的变化。从北部低温带到南方高温带也同样呈现粗颗粒递减而细颗粒渐增的趋势。土壤质地则随着粗、细颗粒的相对变化而相应呈现出从砾质沙土、沙土、壤土到黏土的变化规律。从全国范围看，小麦产出量最多的几个种植区域的土壤质地多为壤土。

第三，我国主要麦区的土壤酸碱度多为中性至偏碱性，但不同区域的土壤酸碱度不是一成不变的，而是呈规律性变化。从南向北、从东向西，我国土壤 pH 表现为逐渐增高的趋势，从 6.5上升到 8.5，影响着不同区域小麦的生长。

第四，土壤有机质也是土壤固相部分的重要组成，在一定含量范围内，土壤有机质的含量与肥力水平呈正相关。我国小麦种植区域的土壤有机质含量多在 0.8%~2%，东北地区含量最高，华南地区高于华北地区，内蒙古西部和新疆、西藏东部地区含量最低。近年来由于保护性耕作的发展和秸秆还田量的增加，土壤有机质含量有增加的趋势，可在一定程度上提高小麦产量。

三 我国麦区种植制度

我国小麦种植区域遍及全国,各地种植制度有明显不同。从北向南逐渐演变,熟制依次增加,但海拔不同,种植制度也有很大变化。

东北地区种植制度多为一年一熟,春小麦与大豆、玉米等倒茬。河北省中北部长城以南地区、山西省中南部、陕西省北部、甘肃省陇东地区、宁夏南部地区种植制度多为一年一熟或两年三熟,与小麦轮作的主要作物有谷子、玉米、高粱、大豆、棉花等,北部还有荞麦、糜子和马铃薯等。两年三熟的主要轮作方式为:冬小麦-夏玉米-春谷,冬小麦-夏玉米-大豆等。由于全球气候变暖及品种改良,这些地区出现了一年两熟的种植方式,主要是小麦-夏玉米,次为小麦-夏大豆的种植方式。

河北省中南部、河南省、山东省、江苏省和安徽省北部、山西省南部、陕西省关中地区和甘肃省天水地区等广大华北平原有灌溉的地区多为一年两熟,夏玉米是小麦的主要前茬作物,还有大豆、谷子、甘薯等。旱地小麦以两年三熟为主,以春玉米(或谷子、高粱)-冬小麦-夏玉米(或甘薯、谷子、花生、大豆),或高粱-冬小麦-甘薯(或绿豆、大豆)的种植方式为主。极少数旱地一年一熟,冬小麦播种在夏季休闲地上。

长江流域种植制度多为一年两熟,水稻区盛行稻麦两熟,旱地多为棉、麦或杂粮、小麦两熟。华南地区多为一年两熟或三熟,小麦与连作稻或杂粮轮作。

新疆北疆地区主要为一年一熟,小麦与马铃薯、油菜、燕麦、亚麻、糜子、瓜类作物换茬;南疆以一年两熟为主,部分地区实行两年三熟。青藏高原主要为一年一熟,小麦与青稞、豌豆、蚕豆、荞麦等作物换茬,但西藏高原南部峡谷低地可实行一年两熟或两年三熟。

四 我国小麦种植生态区划

要保证优质专用小麦的生产，在适宜的小麦种植生态区内进行种植是首要条件。全国小麦种植区划首先可以划分为冬麦区、春麦区和冬春麦区三大类，再依据各地不同的自然条件和小麦栽培特点，冬麦区细分为黄淮冬麦区、西南冬麦区、长江中下游冬麦区、北部冬麦区以及华南冬麦区，春麦区细分为东北春麦区、北部春麦区和西北春麦区，冬春麦区细分为新疆冬春麦区和青藏冬春麦区。各个麦区在生产上具有各自的生态特点，可依据品种特点和市场需求进行优质专用小麦生产(表2–1)。

表2－1　我国主要小麦种植区生态特点

区域		范围	特点
冬麦区	黄淮冬麦区	包括山东省全部，河南省大部(信阳地区除外)，河北省中南部，江苏及安徽两省淮北地区，陕西省关中平原地区，山西省西南部以及甘肃省天水地区	①该区是我国小麦重要主产区，小麦种植面积及总产量分别占全国麦田总面积和总产量的45%及48%左右 ②地势低平，大部分属黄淮平原。以石灰性冲积土为主，大部分地区土层深厚且土质好，小麦高产基础好。气候温和，小麦越冬条件良好，是最适合小麦生长的气候区域。大部分地区水资源比较丰富，小麦生育期降水量150～300 mm。灌溉地区种植制度以一年两熟为主，旱地两年三熟或一年一熟 ③小麦品种多属冬性或弱冬性，生育期230天左右。本区南部以春性品种作晚茬麦种植。条锈病为该区主要病害，叶锈、秆锈间有发生，全蚀、叶枯及赤霉病在局部地区时有发生，尤其赤霉病近年有向北蔓延趋势。小麦生育后期的干热风为害普遍且严重 ④不同地区播种期有较大差异，适期一般为10月上旬，小麦成熟期从5月下旬至6月上旬由南向北逐渐推迟

续表

区域		范围	特点
冬麦区	西南冬麦区	包括贵州省全境，四川省、云南省大部，陕西省南部，甘肃省东南部以及湖北、湖南两省西部	①该区小麦种植面积和总产量分别约占全国麦田总面积的12.6%和全国总产量的12.2%，四川盆地是该区主产区 ②有山地、高原、丘陵和盆地等多种地形，海拔300～2 000 m。全区气候温和，水热条件较好，但光照不足，会影响小麦高产，但季节间温差变化较大且昼夜温差较大，有利于春性品种和大穗品种的生长。小麦生育期降水量279～565 mm。土壤类型主要有红、黄壤两种，地力较差。种植制度多数地区为稻麦两熟的一年两熟制 ③小麦品种多属春性或弱冬性，生育期180～200天。条锈病是本区第一大病害，其余需要重点关注的还有白粉病、赤霉病。虫害则以蚜虫为主。有湿害、低温冷害和后期高温逼熟等自然灾害 ④不同地区播种期差异很大，如平川麦区其播种适期为10月下旬至11月上旬，成熟期在5月上中旬，而丘陵山地播种期略早而成熟期稍晚
	长江中下游冬麦区	江苏、安徽、湖北、湖南各省大部，上海市与浙江、江西两省全部以及河南省信阳地区	①该区小麦种植面积和总产量分别约为全国麦田总面积和总产量的11.7%和15%，单位面积产量为全国高水平，其中江苏省产量最高 ②地形复杂，沿海、沿江、沿湖平原和丘陵山地是小麦主要种植带，海拔较低。全区气候温暖湿润，无霜期长达215～278天，无明显越冬期和返青期。小麦生育期降水量360～830 mm，常有湿害发生。土壤类型多样，长江中下游冲积平原的优质水稻土有助提高小麦产量。种植制度以一年两熟制为主，部分地区有三熟制 ③小麦品种多属弱冬性或春性，光照反应不敏感，生育期200天左右，病害除赤霉病外，还有白粉病、叶锈病、条锈病、纹枯病、叶枯病等 ④播种期10月中下旬至11月上中旬，次年5月下旬成熟

续表

区域		范围	特点
冬麦区	北部冬麦区	包括河北省长城以南，山西省中部和东南部，陕西省长城以南的北部地区，辽宁省辽东半岛以及宁夏回族自治区南部，甘肃省陇东地区和北京、天津两市	①全区小麦种植面积和总产量分别为全国的9%及6%左右。小麦平均单产低于全国平均水平 ②地形复杂，除丘陵地区外，大部分地区海拔750～1 260 m。土壤有褐土、黄绵土及盐渍土等，以土质疏松、保墒耐旱的褐土为主。大陆性半干旱气候明显，小麦冬季停止生长，有明显的越冬期和返青期，低温年份常有冻害发生。小麦生育期降水量143～215 mm，早春旱害严重。种植制度以两年三熟为主，其中旱地多为一年一熟，一年两熟制在灌溉地区有所发展 ③品种类型为冬性或强冬性，对光照反应敏感，生育期260天左右。病害有条锈病、叶锈病、白粉病、黄矮病等；虫害以地下害虫及红蜘蛛、麦蚜等为主 ④播种期和成熟期均由南向北逐渐推迟，大部分地区9月上中旬播种，最晚可推迟至10月中旬播种，通常在6月中下旬成熟，少数晚至7月上旬成熟收获
	华南冬麦区	福建、广东、广西和台湾四省(自治区)全部以及云南省南部	①小麦种植面积约为全国麦田总面积的2.1%(不包括台湾地区数据，下同)，总产量约为全国的1.1%。每年种植面积很不稳定 ②华南冬麦区近90%面积为山地丘陵。土壤主要是红壤和黄壤，酸性较强且土质黏重不利于排水。全区气候暖热，冬季无雪，无霜期可达290～360天，小麦生育期降水量320～450 mm。水热资源丰富，但生育期干旱少雨，而灌浆成熟时却又多雨寡照影响结实，常导致赤霉病等病害发生。种植制度主要为一年三熟，部分地区行稻麦两熟或两年三熟 ③小麦品种属春性，对光照反应不敏感，生育期120天左右。病害以赤霉病及白粉病为主，其次为秆锈病、叶锈病。虫害有蚜虫和黏虫 ④播种期在11月中下旬，成熟期最早为3月中下旬，一般为3月下旬至4月上旬。成熟期多雨，穗发芽严重

续表

区域		范围	特点
春麦区	东北春麦区	包括黑龙江、吉林两省全部，辽宁省除南部沿海地区以外的大部以及内蒙古自治区东北部	①该区小麦种植面积及总产量分别约占全国春小麦面积和总产量的47%及50%，以黑龙江省为主 ②东部大部分地区海拔40～500 m，西北部的内蒙古部分地区海拔600～800 m。土壤以黑钙土为主，土质肥沃，特别适宜机械作业。全区属大陆性季风气候，呈现北部高寒、东部湿润、西部干旱等区域差异，总体气温偏低，南北和东西的热量、无霜期和冬、夏气温相差极大。小麦生育期降水量130～333 mm，但东部多雨，西部干旱。种植制度一年一熟。春小麦与大豆等作物轮作 ③本区小麦品种属春性，对光照反应敏感，生育期短，多在90天左右。赤霉病是该区最主要的病害，根腐病、锈病、丛矮病和全蚀病部分地区时有发生。燕麦草等杂草危害较大 ④一般为3月下旬至4月中旬播种，最迟可至6月初，成熟期7月初至8月下旬，呈现从南向北、从东向西逐渐延迟的特点
	北部春麦区	地处大兴安岭以西，长城以北，西至内蒙古自治区的鄂尔多斯市和巴彦淖尔市，北邻蒙古，以内蒙古自治区为主	①该区小麦种植面积及总产量分别占全国的3%和1%左右。西部河套灌区产量水平较高，河北省的张家口、山西省的雁北及陕西省的榆林等地区产量水平较低 ②全区地形复杂，土壤以栗钙土为主，易受旱和沙化贫瘠，自然条件差。典型大陆性气候，冬季寒冷夏季暑热，干燥少雨，光照充足。小麦生育期降水量只有94～168 mm。种植制度以一年一熟为主 ③本区小麦品种对光照反应敏感，从南向北生育期从90天延迟至120天。全区病害主要有叶锈病、秆锈病和黄矮病、丛矮病，虫害以麦秆蝇及黏虫为主。小麦灌浆期常遇高温逼熟和干热风危害 ④播种期在3月中旬至4月中旬，成熟期在7月上旬前后，最晚可至8月底。小麦生产中的主要问题是早春干旱、后期高温逼熟及干热风以及河套灌区的土壤盐渍化

续表

区域		范围	特点
春麦区	西北春麦区	以甘肃省及宁夏回族自治区为主，还包括内蒙古自治区西部及青海省东部部分地区	①小麦种植面积约占全国的4%，总产量占5%左右。单产居各春麦区之首，甘肃省河西走廊灌区及宁银引黄灌区的单产较高 ②部分地区属大陆性干旱荒漠气候，冬季寒冷夏季炎热，干燥少雨，光照充足，昼夜温差大。地形多为高原，海拔1 100～2 240 m。土壤主要为棕钙土及灰钙土，易风蚀沙化，肥力较差。热量条件较好，日照充足。生育期降水量少，只有52～181 mm，从南向北逐渐减少。全区种植制度为一年一熟 ③品种属春性，生育期120～130天。红矮病、黄矮病危害较大，锈病、黑穗病以及吸浆虫等病虫害均为本区小麦主要病虫害。生长后期常有干热风为害 ④3月上旬开始播种，7月上旬至8月中旬成熟
冬春麦区	新疆冬春麦区	位于新疆维吾尔自治区	①该区小麦种植面积约为全国的4.6%，总产量为全国的3.8%左右。北疆小麦以春小麦为主，南疆则以冬小麦为主 ②本区属于典型的温带大陆性气候，冬寒夏热，气候干燥，降水少，光照充足，辐射强。小麦生育期降水量冬小麦为8～48 mm，春小麦为7～39 mm，可通过丰富的冰山雪水进行灌溉。土壤类型多样，北疆土壤以棕钙土及灰棕土为主，南疆则主要为棕色荒漠土。种植制度以一年一熟为主，南疆兼有一年两熟 ③品种类型多样，春性、半冬性和冬性都可种植。北疆主要病害有白粉病和锈病，南疆常见白粉病。生育期有低温冻害、干旱，生育后期有干热风等危害 ④该区小麦生长物候期均呈现由南向北逐渐推迟的趋势。北疆春小麦于4月上旬前后播种，8月上旬左右成熟；南疆冬小麦则2月下旬至3月初播种，7月中旬成熟。其他地区9月中旬左右播种，第二年7月底或8月初成熟

续表

区域		范围	特点
冬春麦区	青藏冬春麦区	包括西藏自治区，青海省大部，甘肃省西南部，四川省西部和云南省西北部	①全区小麦种植面积及总产量均约为全国的0.5%，其中以春小麦为主，约占全区小麦总面积的65.3% ②地势低平，以辽阔高原为主。土壤主要有灌淤土、灰钙土和栗钙土等近10种类型。高海拔，强日照，夏无酷暑，冬无严寒，昼夜温差大有利于小麦高产。小麦生育期降水量冬小麦为250～590 mm，春小麦为224～510 mm。种植制度为一年一熟 ③冬小麦品种为强冬性，对光照反应敏感 ④冬小麦播种期为9月下旬，春小麦3月下旬至4月上旬，均于8月下旬至9月中旬成熟。全生育期冬小麦长达330天左右，有的直至周年方能成熟；春小麦140～170天

五 安徽省优质专用小麦生产生态环境概况

1.地理概况

安徽位于长江淮河下游，北纬29°41′~34°38′、东经114°54′~119°37′之间。淮河以北为辽阔平原，是黄淮海平原的一部分，海拔20~40 m；长江与淮河之间多起伏丘陵，大别山蜿蜒于西南，东部丘陵区海拔在70 m以下；长江以南除沿江一部分坪区平原外，多数是群山毗连的山区地带，海拔500~1 000 m。由于太阳辐射、大气环流和地理环境等因素的综合影响，使安徽成了暖温带向亚热带的过渡气候型。淮河以北属暖温带半湿润季风气候，淮河以南属北亚热带湿润季风气候。在全国小麦种植区划中，安徽省淮河以北属北方冬麦区的黄淮冬麦区，淮河以南属长江中下游冬麦区。

小麦是安徽省分布最广的作物，全省16个地市均有种植，但主要产麦区分布在北纬33°两侧，包括淮河以北。沿淮河两岸和长江与淮河之间、长江以南除沿江一部分平原尚有种麦习惯，其他地方均为零星种植。

由于多种地形地貌和较复杂的土壤类型，各地自然气候条件、耕作制度、小麦品种适应类型和栽培技术上存在的问题各有不同，表现在生产上具有明显的地域性。

2.气候特点

全省小麦生育期间太阳光照射的实有时数 1 436~1 922 h，北部多、南部少，平原丘陵多、山区少。0℃以上积温为 2 125~2 200℃，南北虽差异不大，但最冷的月份气温则相差较大，淮河以北冬季最冷月平均气温 0~1℃，日均温低于 0℃的天数有 35~50 天，而沿江江南冬季最冷月平均气温 3~4℃，日均温低于 0℃的天数不到 20 天。降水分布在 250~750 mm，有明显的南部多北部少、山区多平原和丘陵少的特点。

淮北地区是全省辐射量最优越地区。小麦生长季节内(10 月至翌年 5 月)，日照时数 1 373~1 436 h，光照条件优越。该区常年平均气温 14~15℃，无霜期 200~220 天，小麦生长季节积温 2 200℃左右，能满足冬性、半冬性、春性三种生态类型小麦品种对热量的需求。冬季最冷月平均气温可达 0~1℃，日均温小于 0℃天数为 35~50 天，平均极端最低气温 -14~-12℃，冬春季节常有寒潮天气入侵南下，造成小麦冻害和寒害。该区小麦生长季节平均降水量 250~350 mm，需补水灌溉。由于降水分布不均，秋季经常少雨干旱，影响播种出苗。

淮河以南地区年太阳辐射量 497.9~506.3 kJ/cm^2，小麦生长季节内(10 月至翌年 5 月)日照时数 922~1 195 h，光照条件不及淮北地区。该区常年平均气温 15~16℃，无霜期 220~240 天，小麦生长季节 0℃以上积温为 2 125~2 266℃，能满足半冬性或春性小麦品种对热量的需求。冬季最冷月平均气温可达 1~4℃，日均温小于 0℃天数 20~35 天，平均极端最低气温-7.5~0℃。该区北部播种过早的春性品种也会出现春霜冻害，而该区南部则无明显的越冬期。该区小麦生长季节平均降水量 450~750 mm，降水较多的3—5月经常发生严重渍害。

3.土壤条件

安徽省土壤分布具有明显的地域性。淮北北部属黄泛冲积平原，土壤为潮土，土层深厚，通透性好，有利于提高整地质量，但除其中的两合土外，大部分有机质含量较低。淮北的中部和南部，地处淮北各河流间的浅洼地区，属河间平原，土壤为砂姜黑土。由于砂姜黑土的物理性状差，质地黏重，遇旱涝天气，适耕期短，耕性较差，有机质含量不高，但该土壤在小麦生育后期的供肥能力较强。

长江与淮河之间岗丘地带多为马肝土、黄白土与水稻土。马肝土主要分布在江淮丘陵的岗、塝地，质地黏重，适耕期短，易旱易涝；黄白土主要分布在江淮丘陵岗地的中下部或缓岗地带，土壤通透性较好，养分含量中等，是江淮丘陵较好的旱作土壤；水稻土分布于江淮和沿江地区水稻产区，大部分质地黏重，有机质含量差异较大。

安徽南部除山区有黄、红壤外，沿江大部分地区是久经耕作种稻而发育成的各种类型的水稻土。

4.种植制度

安徽淮河以北地区作物种植制度长期以来是两年三熟制为主，一般是小麦与夏大豆、玉米、花生、甘薯年内两熟后，再种春玉米、甘薯、棉花、烟草、黄红麻等，小麦是中心作物。近些年，为了提高复种指数，春茬作物面积逐渐减少，大部分改为夏茬，所以种植制度变成了以小麦为主的夏秋作物一年两熟制。沿淮地区部分为小麦、水稻两熟制。江淮之间种植制度是以水旱并存的一年两熟制为主，水田以水稻为中心与小麦、油菜或绿肥等一年两熟，而旱地则是小麦、油菜与甘薯、玉米、大豆、杂豆等一年两熟。沿江、江南地区水热资源丰富，是双季稻为主的一年三熟制，一般以早稻、晚稻、油菜或小麦、绿肥为主。近年来，水稻与油菜、小麦两熟制面积有所扩大。

第二节　优质专用小麦区域化布局

优质专用小麦有其生态适应性和品种品质特点,因此需要进行品质区划并进行区域化布局,以推进优质专用小麦的产业化经营。

一 我国小麦品质区划

根据农业农村部小麦专家指导组的规划,我国小麦产区初步划分为3大品质区域。每个区域因气候、土壤和耕作栽培条件有所不同,进一步分为有特色的亚区。

1.北方强筋、中筋白粒冬麦区

北方冬麦区包括北部冬麦区和黄淮冬麦区，主要地区有北京市、天津市、山东省以及河北、河南、山西、陕西省大部、甘肃省东部和苏北、皖北。本区重点发展白粒强筋和中筋的冬性、半冬性小麦,主要改进磨粉品质和面包、面条、馒头等食品的加工品质。在南部沿河平原潮土区中的沿河冲积沙壤至轻壤土地区,也可发展白粒软质小麦。具体可分为三个副区(表2–2)。

表2－2　北方强筋、中筋白粒冬麦区品质区划

副区名称	区域范围	区域生态特点	品质和加工类型
华北北部强筋麦区	北京、天津和冀东、冀中地区	年降水量400～600 mm,多为褐土及褐土化潮土,质地沙壤至中壤,肥力较高,生产出来的小麦质量较好,主要发展强筋和中强筋小麦	该区强筋小麦可加工成面包专用粉,面条专用粉或面包、面条兼用粉;中强筋小麦可加工成馒头专用粉、面条专用粉

续表

副区名称	区域范围	区域生态特点	品质和加工类型
黄淮北部强筋、中筋麦区	河北省中南部，河南省黄河以北地区和山东北部、中部及胶东地区，还有山西中南部，陕西关中和甘肃的天水、平凉等地区	年降水量 500～800 mm，土壤以潮土、褐土和黄绵土为主，质地沙壤至黏壤。土层深厚、肥力较高的地区适宜发展强筋小麦，其他地区发展中筋小麦。山东胶东丘陵地区多数土层深厚，肥力较高，春、夏气温较低，湿度较大，灌浆期长，小麦产量高，但蛋白质含量较低，宜发展中筋小麦	该区强筋、中筋小麦可加工成面条专用粉、馒头专用粉、饺子专用粉等
黄淮南部中筋麦区	河南中部，山东南部，江苏和安徽北部等地区，是黄淮麦区与南方冬麦区的过渡地带	年降水量 600～900 mm，土壤以潮土为主，肥力不高，以发展中筋小麦为主，肥力较高的砂姜黑土及褐土地区也可种植强筋小麦，沿河冲积地带和黄河故道沙土至轻壤潮土区可发展白粒弱筋软质小麦	该区强筋小麦可加工成面包、馒头、面条专用粉；低蛋白的白粒软质小麦可加工成软式馒头、面条、饼干和蛋糕，也可作为酿酒原料

2.南方中筋、弱筋红粒冬麦区

南方冬麦区包括长江中下游和西南秋播麦区。因湿度较大，成熟前后常有阴雨，以种植较抗穗发芽的红皮麦为主，蛋白质含量低于北方冬麦区约 2 个百分点，较适合发展红粒弱筋小麦。鉴于当地小麦消费以面条和馒头为主，在适度发展弱筋小麦的同时，还应大面积种植中筋小麦。南方冬麦区的中筋小麦其磨粉品质和面条、馒头加工品质与北方冬麦区有一定差距，但通过遗传改良和改进栽培措施，大幅度提高现有小麦的加工品质是可能的(表 2–3)。

表 2-3　南方中筋、弱筋红粒冬麦区品质区划

副区名称	区域范围	区域生态特点	品质和加工类型
长江中下游麦区	江苏、安徽两省淮河以南、湖北大部及河南省的南部地区	年降水量800～1 400 mm，小麦灌浆期间雨量偏多，湿害较重，穗发芽时有发生。土壤多为水稻土和黄棕土，质地以黏壤土为主。本区大部分地区适宜发展中筋小麦，沿江及沿海沙土地区可发展弱筋小麦	中筋小麦可加工成面条、包子等专用粉，弱筋小麦可加工成面条、饼干等专用粉
四川盆地麦区	川西平原和丘陵山地麦区	年降水量约1 100 mm，湿度较大，光照严重不足，昼夜温差小。土壤多为紫色土和黄壤土，紫色土以沙质黏壤土为主，黄壤土质地黏重，有机质含量低。盆西平原区土壤肥力较高，单产水平高；丘陵山地麦区土层薄，肥力低，肥料投入不足，商品率低。主要发展中筋小麦，部分地区发展弱筋小麦。现有品种多为白粒，穗发芽较重，经常影响小麦的加工品质，应加强选育抗穗发芽的白粒品种，并适当发展一些红粒中筋麦	中筋小麦可加工成面条、包子等专用粉，白粒小麦可加工麦通等膨化食品
云贵高原麦区	四川省西南部、贵州全省及云南的大部分地区	海拔相对高，年降水量800～1 000 mm，湿度大，光照严重不足，土层薄，肥力差，小麦生产以旱地为主，蛋白质含量通常较低。在肥力较高的地区可发展红粒中筋小麦，其他地区发展红粒弱筋小麦	中筋小麦可加工成面条、包子等专用粉，弱筋小麦可加工成饼干等专用粉

3.中筋、强筋红粒春麦区

春麦区主要包括黑龙江、辽宁、吉林、内蒙古、宁夏、甘肃、青海、西藏和新疆种植春小麦的地区。除河西走廊和新疆可发展白粒、强筋的面包小麦和中筋小麦外，其他地区收获前后降雨较多，穗易发芽影响小麦品质，宜发展红粒中强筋春小麦(表2-4)。

表 2－4　强筋、中筋红粒春麦区品质区划

副区名称	区域范围	区域生态特点	品质和加工类型
东北强筋、中筋红粒春麦区	黑龙江省北部、东部和内蒙古大兴安岭地区	光照时间长，昼夜温差大，土壤较肥沃，全部为旱作农业区，有利于蛋白质的积累。年降水量 450～600 mm，生育后期和收获期降雨多，极易造成穗发芽和赤霉病等病害，严重影响小麦品质。适宜发展红粒强筋或中筋小麦	强筋小麦可加工成面包专用粉，面条专用粉或面包、面条兼用粉。中筋小麦可加工成面条、馒头、饺子等专用粉
北部中筋红粒春麦区	内蒙古东部、辽河平原、吉林省西北部，河北、山西、陕西的春麦区	主体为旱作农业区，年降水量 250～400 mm，但收获前后可能遇雨，土地瘠薄，管理粗放，投入少，适宜发展红粒中筋小麦	中筋小麦可加工成面条、馒头、饺子等专用粉等
西北强筋、中筋春麦区	甘肃中西部、宁夏全部以及新疆麦区	河西走廊区干旱少雨，年降水量 50～250 mm，日照充足，昼夜温差大，收获期降雨频率低，灌溉条件好，生产水平高，适宜发展白粒强筋小麦。新疆冬、春麦兼播区，光照充足，降水量少，约 150 mm，昼夜温差大，适宜发展白粒强筋小麦。但各地区肥力差异较大，在肥力高的地区可发展强筋小麦，其他地区发展中筋小麦。银宁灌区土地肥沃，年降水量 350～450 mm，生产水平和集约化程度高，但生育后期高温和降雨对品质形成不利，宜发展红粒中强筋小麦。陇中和宁夏西部地区土地贫瘠，少雨干旱，产量低，粮食商品率低，以农民食用为主，应发展白粒中筋小麦	强筋小麦可加工成面包专用粉、面条专用粉。中筋小麦可加工成面条、馒头、饺子等专用粉
青藏高原春麦区	青海和西藏的春麦区	这一地区海拔高，光照充足，昼夜温差大，空气湿度小，土壤肥力低，灌浆期长，产量较高，蛋白质含量较其他地区低 2～3 个百分点，适宜发展红粒软质麦。但西藏拉萨、日喀则地区生产的小麦粉制作馒头适口性差，亟待改良。青海西宁一带可发展中筋小麦	中筋小麦可加工成面条、馒头、饺子等专用粉

二 安徽省小麦品质区划

安徽处于我国南北过渡地带，不同地区之间气候有一定的差异，从北到南，小麦生长期间特别是后期降水量增加，日照减少，温差减小。从总体上看，目前两淮麦区商品小麦以中筋为主。综合影响，安徽小麦产区可分为黄淮平原麦区、江淮丘陵麦区和长江中下游平原麦区。

1.黄淮平原麦区

该区包括亳州、淮北、宿州等市县，属暖温带，为大平原区域，光温资源充足，是安徽省生态条件最适合于小麦生长的地区。年平均温度13~15℃，无霜期200~220天，年降水量700~900 mm，小麦生育期有300 mm左右降水，年日照时数为2 200~2 400 h。小麦灌浆期、成熟期高温低湿，干热风时有发生，引起小麦“青枯逼熟”，造成不同程度的危害。本区土壤主要有潮土和砂姜黑土，淮北的北部与豫、鲁、苏相邻，属黄河冲积平原，土壤为潮土；淮北的中部和南部，土壤为砂姜黑土。本区以冬小麦为中心进行轮作，长期以来是两年三熟制，沿淮有部分稻、麦两熟制。小麦播种期一般在10月上中旬，成熟期由南向北逐渐推迟。应用的小麦品种以半冬性为主。条锈病为该区主要病害，叶锈、秆锈间有发生，全蚀、叶枯及赤霉病在局部地区时有发生，尤其赤霉病近年有向北蔓延趋势。

2.江淮丘陵麦区

该区包括阜阳、蚌埠、淮南、滁州、合肥、六安等地市，是全省第二大产麦地区。该区又分为江淮丘陵与皖西大别山两个小麦种植副区。全区属亚热带湿润气候向暖温带半湿润气候的过渡地带，光、热、水资源比较协调。年平均气温15℃左右，无霜期200~230天，年降水量850~1 200 mm，小麦生育期间降水量为 346~650 mm，偶有湿害发生。本区土壤类型较多，主要有黄棕壤、黄褐土类中的马肝土、黄白土和水稻土。作物种植制度以水旱并存的一年两熟制为主。本区所使用的品种生态类型因地区不同而有差别。一般在江淮分水岭以北地区，多是半冬性与春性品种并重；而江淮分水岭以南地区，则以春性品种为主。水稻田普遍用耐湿性强的春性品种，在中稻收获期较早的情况下，用半冬性品种亦获得增产。

3.长江中下游平原麦区

该区包括巢湖、马鞍山、芜湖、铜陵、宣城、池州、安庆、黄山 8 个市的绝大部分县市，是全省小麦种植面积最小的地区，同时也是小麦产量水平最低的地区。该区光照资源是全省最少的地区，小麦生长季节(11 月份至翌年 5 月份)日照时数只有 922~966 h，平均每日不足 5 h，对小麦生长有着一定的影响。热量资源居全省之冠，属双季稻三熟制种植区。常年平均气温 16℃左右，大于 0℃积温 5 700~5 900℃，无霜期 230 天以上。小麦生长季节积温有 2 125℃，能满足春性小麦品种对热量的需求。冬季 1 月份平均气温 3~4℃，日均温小于 0℃的天数不到 20 天，极端最低气温-9~-7.5℃，小麦无明显的越冬期。降水丰沛，年降水 1 200~1 600 mm。小麦生长季节降水 600~750 mm，其中春季的 3 月份—5 月份雨量在 300 mm以上，小麦湿害严重。土壤分布于长江沿岸的冲积平原和南部水网圩区有各种类型的水稻土，其中以潜育性水稻土较多；皖南山区有黄棕壤、红壤及紫色土。小麦在该区为搭配作物，比重很小。由于双季稻三熟制中的晚稻成熟期较迟，小麦播期亦偏晚，一般在 11 月上旬进行，所用品种的生态类型以春性为主。此外，本地区由于小麦生长中后期温度偏低，温差偏小，降水相对较多，土壤沙性强，保肥供肥能力差等特点，使得小麦粗蛋白、面筋含量、面团稳定时间等均较低，种植弱筋小麦品种优势明显。

三 安徽省优质专用小麦产业和特色产品空间布局

按照区位、资源、人力和产业基础、要素成本、配套能力等综合优势，在全省建立1个小麦产业研究院、3个小麦产业带和加工集群、1个特色原料小麦生产基地（酿酒原料）、1个省级小麦绿色食品综合性服务平台、N个绿色食品加工和观光旅游产业强镇（1311+N）。

1.淮北中北部硬质中强筋小麦产业带和面粉、主食加工集群

该带主要包括亳州市、淮北市、宿州市及阜阳市北部太和、界首等县市。重点发展优质强筋、中强筋、中筋小麦，推广配套绿色生产、加工技术，生产出适于我国淮河以北北方市场消费的主食及烘焙食品，也可搭配我省沿淮区域生产的软质小麦，生产适于长三角及以南地区消费的面制品。

2.沿淮、江淮中弱筋小麦产业带和面粉、主食加工集群

该带主要包括阜阳市、蚌埠市、淮南市、滁州市、合肥市、六安市等地。重点发展中筋、中弱筋小麦，推广配套绿色生产、加工技术，生产出适于长三角及以南地区消费的面粉及面制品。

3.沿江及江南中弱筋小麦产业带和饲料、工业原料生产基地

该区是我省小麦的潜力区和补充区。主要包括安庆、马鞍山、芜湖、铜陵、宣城、池州等市县，多为稻茬麦，春性红粒品种。所生产小麦除部分用于加工面粉外，重点用于饲料加工和工业原料。

4.软质酿酒小麦产业生产基地

依托省内外大型酿酒企业重点在阜阳、蚌埠以及古井酒厂、口子酒

厂附近乡镇,集中连片打造软质酿酒小麦生产基地(区)。重点用于高端白酒企业制作原料。

第三章 优质专用小麦生产技术

第一节 优质专用小麦生产基地建设

目前，我国优质专用小麦存在的主要问题是产量和品质不稳定，优质品种少，农艺性状差，规模化生产还需要进一步提升。因此，大力发展优质专用小麦生产基地，是提高优质专用小麦产量和品质、加快小麦生产市场化、增加农民收入的最有效途径。

一 建设优质专用小麦生产基地的重要性

建设优质专用小麦生产基地是提高小麦品质、增加农民收益、提高人民生活水平、满足市场需求、提高农产品质量安全最可靠的途径。

1.促进小麦生产，保证国家粮食安全

小麦是我国最主要的粮食作物之一，其产量对我国的粮食安全至关重要。安徽省作为我国的粮食主产区之一，小麦种植面积常年在 3 500 万亩以上。发展优质专用小麦生产基地有利于保护基础农田，改善生产条件，促进小麦生产，保障国家粮食安全。

2.增加农民收入，带动当地经济发展

小麦是我国重要粮食作物，在国民经济中的地位不可替代。然而，近年来小麦价格持续下跌，导致小麦种植户的收益下降。同时，散户种植生

产基础条件较差和栽培管理手段落后，造成小麦产量波动大且生产成本高、效益低。

建设优质专用小麦生产基地，不仅能够为农民和农业生产创造效益，提高农民种植积极性，同时能够壮大小麦生产、发展地方产业，为当地农民提供更多的就业、创业机会，为稳定我国农村形势，调整农村产业结构，发展农村经济和提高农民收入奠定坚实基础。

3.保证农产品质量安全，满足人民及市场需求

多年来，我国农产品安全事件频发，给消费者造成了很多困扰。要让人民吃好、吃饱的基础就要保证农产品绿色安全，因此建设优质专用小麦生产基地，可以在生产过程中更严格把控，收获更高质量绿色无污染的小麦产品。同时，随着我国人民生活水平的提高，优质专用小麦的需求日渐增长，蛋糕、面包、饼干、面条等专用小麦粉供不应求。目前，我国小麦品质参差不齐，优质专用小麦少，市场占有率低。国内大中型加工企业对优质专用小麦的需求无法得到满足，只能依靠大量进口来解决。近年来，随着国际经济形势的变化，我国粮食进口量在逐渐减少，许多面粉加工企业只能使用普通品质的小麦，对企业、市场以及民众都造成了一定的影响。因此，必须建设优质专用小麦生产基地，以改善国民膳食结构，满足国内外市场需求。通过基地的建设，更好地推动农产品的标准化生产，净化生产环境，保证小麦的安全检测合格。

4.推进种子产业化进程

加快优质专用小麦生产基地的建设有利于加强我国种质资源保护利用和优良小麦品种的选育推广，促进优质专用小麦的培育和更新，加强科研与生产相结合。

二 建设优质专用小麦生产基地的原则

1.优质专用小麦生产基地选址原则

规划优质专用小麦生产基地的建设要根据各地的生态环境条件，寻找适宜种植优质专用小麦品种的区域，可根据农业区划和小麦分区分类种植原则合理选择。选定的建设区域要满足以下条件：

（1）气候适宜，光照充足，土地平整，土壤肥沃，建设区域相对集中，良种繁育区还要满足隔离条件良好；

（2）无污染源，避开工业、生活垃圾场，水资源丰富，排灌方便；

（3）通信电力等资源充足有保障；

（4）交通便利，当地政府支持，治安良好；

（5）优先选择农科站或农业科技示范园区附近，周边科学种田水平高，群众科技意识强。

2.优质与高产并重原则

建设优质专用小麦生产基地要遵循优质与高产并重的原则，选种时要在保证品质的基础上选择产量高的小麦品种。随着人民生活水平的提高，市场对优质专用小麦的需求量也在上升。在此大环境下，应该坚持优质与高产并重，才能保证小麦品质满足市场的需求。

3.因地制宜原则

因地制宜，合理安排小麦生产，同时注重发挥规模效益，在基地实行集中连片种植。根据不同优质专用小麦的品质要求、品种特性和适宜的生态气候环境，进行小麦种植区域规划。如根据气候环境条件、土壤条件和小麦种植习惯，可以将安徽省划分成淮北强筋、中筋和淮南中筋、弱筋小麦产区。还可通过企业与农户签订订单，结合企业对专用品质小麦的需求进行集中连片种植，最大限度地扩大种植规模，增加农民收入。优质专用小麦产业化的过程中还需要注意一种或一类品种要集中化、规模化、区域化种植，做到优质优价、专收专储、专销专用，以发挥区域优势。

三 优质专用小麦生产基地建设要求

1.环境要求

良好的生产基地环境才能保证产出的小麦品质优良、安全、无污染。优质专用小麦生产基地的空气、土壤、水等环境指标应满足农业农村部2021年发布的《绿色食品产地环境质量》(NY/T 391—2021)的要求。(图3-1)

图3-1　优质专用小麦生产基地

2.田块整治

耕作田块是满足农业工作的基本耕作单元。选址时应选择地势相对平坦的地区进行基地建设，投入生产前还需根据各地实际情况进行平整土地和田块布置。布置田块时应因地制宜，合理布局，使田块相对集中。耕作田块应保持田面平整，田块的长宽高应根据作物种类、地形地貌、农机耕作、排灌效率等因素确定。根据国家市场监督管理总局2022年发布的《高标准农田建设通则》(GB/T 30600—2022)，安徽作为长江中下游麦区，耕层厚度应大于20 cm，有效土层厚度大于60 cm。

3.排灌工程

应根据作物种类、地形地貌、气候条件、水源水质、土壤类型等条件分析确定田间灌溉方式,合理选用渠道防渗、管道输水灌溉、喷微灌等节水灌溉措施。农田排水标准应根据农业生产实际、当地或邻近类似地区排水试验资料和实践经验、农业基础条件等综合论证确定。

4.生产基础设施

基地还应设置配套的基础设施,包括物资库、农机库、晒场和隔离网室。其中晒场是保证种子安全收获、入库的重要条件,要求采光通风,南北走向。隔离网室可采用钢架结构,外层覆盖40目防虫网,可满足一般繁育原种的需要,对隔离防虫、防鸟具有较好的功能。

5.栽培管理技术

优质专用小麦内在品质必须依靠技术、仪器等进行检测才能掌握。为保证小麦质量和纯度,必须实行区域化种植,实行“五统一”即统一良种供应、统一种植模式、统一肥水管理、统一病虫防控、统一田间管理。

具体栽培技术见本章第三、第四、第五节。

6.污染防治

为了保持良好的基地环境、保护基地周围生态,应该严格进行污染防治。因此要从源头进行管理,加强农产品生产过程中质量和绿色安全的控制。保证农产品品质和安全,做到以质增产,以质增效。

具体而言,第一,加强建设管理队伍,不断提高管理者的综合素质水平,从而对优质小麦生产基地的生产、加工环节等实施相应的优化。第二,合理施肥,绿色防控,大力推广绿色小麦防治技术以及无公害小麦生产技术等绿色农业技术的研发及使用力度。例如,增加有机肥的施用量,不采用污水进行灌溉,严格实施农药废弃包装物等废弃物回收处置工作,在基地周围大力推广秸秆综合利用技术等。第三,建立优质小麦生产基地保护区。不得在生产基地周围 5 km^2 和上风向 20 km 范围内新建有污染源的工矿企业，防止工业“三废”污染基地。

7.学习培训

组建专业可靠的生产技术服务队伍对建设、经营一个优质专用小麦生产基地至关重要。可以依托各级农业服务中心、聘请专家指导或引进专业人才。对基地种植户或村镇种植大户相关人员展开集中培训，组织学习优质专用小麦产品知识、技术和基地建设管理制度等。同时可设立基地活动日，充分利用活动日等组织人员开展培训。还可利用广播开展专题讲座，利用微信群、在线视频工具等开展技术培训指导。基地内放置优质专用小麦生产技术规程宣传牌、生产技术宣传栏等，及时向农户发放《绿色优质农产品生产技术指导书》《农技推广》等学习资料。

四 基地拓展功能建设

优质专用小麦生产基地功能建设包括基础功能设施的建设，如基础农田建设、栽培管理配套机械设备建设和水利设施建设等。除了基础功能设施建设，与小麦产品经营流通相关的拓展功能设施建设也至关重要，具体包括品质测定功能、基地宣传功能、再加工、储藏等功能。除了上述功能外，还可建设社会科技服务相关的功能，如示范功能、选育推广良种及开设优质专用小麦栽培管理技术培训课程等。

1.基地的示范功能

优质专用小麦生产基地除了生产优质专用小麦产品外，还应具有科教展示功能。基地经营的主要负责人要在基地建设过程中不断探索更高效的生产管理模式，在促进基地小麦产品优质增产的同时，积极开展生产基地建设的宣传，将经验推广应用于更多的基地建设中。加快我国优质专用小麦整体发展速度，提高国产优质专用小麦在国际上的竞争力，有利于拓宽优质小麦产品的销售市场。

2.产品品质检测功能

由于我国的小麦生产长期以来只注重小麦产量的增加,忽略了产品品质的重要性,大多数的小麦生产地区或基地完全不具备小麦品质检测评定功能。这就造成优质小麦的品质无法得到证明,只能出现优品低价、优劣混卖的不良局面,给种植户造成不必要的损失。

建设优质专用小麦生产基地,其产品品质检测功能的建设是必不可少的一部分,通过购置小麦品质检测的设备仪器,在基地建立起完备的产品品质检测体系,为小麦产品的优质优价出售以及良种的选育提供依据。在基地建设小麦品质检测功能,除了购置设备,还要安排专人学习、使用和管理这些设备。做到妥善保管、定期保养检修、使用登记,以防贵重仪器丢失、损坏,给基地造成不必要的损失。

3.宣传功能

利用好新媒体,可以开设基地微博、微信或其他媒体公众号,加强基地宣传力度。通过网上信息传播转变市场及消费者的传统观念,如优质小麦品种无法高产、高产小麦不优质、重产量轻质量、白皮小麦才是优质麦等。还可通过展示基地生产环境、功能设施等给生产基地引流,让更多的民众、公司看到并了解优质专用小麦及生产基地。同时通过宣传小麦商品化重要性,加强对优质专用小麦及其前景的认识,加快小麦商品化、市场化,促进农产品经济发展。

4.加工、销售等配套功能

在基地建设过程中,要及时整合资源,尽量发展成集优质专用小麦的生产、储藏、加工、销售等一体化的现代小麦产业,也可选择“公司+订单生产+基地”的运营模式。

建设一体化的优质专用小麦生产基地，要在区域化种植的基础上，将小麦产品按照市场需求、产品用途等分类、分级、分仓贮存，杜绝优劣混批，造成不必要的浪费。同时下游的面粉工厂选址要在基地周围，保证小麦产品及时加工和流通。利用小麦生产地的优势，在保证产品质量的同时降低生产成本，结合优质专用小麦生产基地，做到“源头安全、用料优质、产品新颖”，使优质专用小麦的生产、流通和经营逐步形成规模化、专业化。同时稳定品牌在本地市场的优势，积极开拓国内、国际市场。

选择“公司+订单生产+基地”的运营模式，首先要建立合理的管理制度，需要项目负责人来负责项目的策划、方案制定、资金安排、技术支持、项目总结、评估、验收等工作。其次采用契约、股份合作等形式促进优质小麦生产基地、面粉工厂等企业多方合作。小麦生产基地通过合同与粮贸公司和面粉工厂达成契约，粮贸公司和面粉工厂作为优质专用小麦的加工企业，要积极研究市场需求变化，根据市场需求的变化和自身消化能力与小麦生产基地签订合同，内容包括但不限于所需的小麦品种、数量、质量标准、购买价格。还要建立合理的利益分配机制，调动各参与方种植、生产和销售积极性，尤其不能损害农民的利益。小麦生产基地根据双方签订的合同，选择种植品种。选择此种经营模式，需要通过各方努力建立一套合理规范的优质专用小麦生产运营体系。

第二节 优质专用小麦种子繁殖技术

近年来，小麦种子质量下降，严重影响了小麦的产量和品质。优质专用小麦种子繁殖技术以迅速繁殖新品种的种子应用于生产和保持现有优良品种的种子特性和纯度为目的，可有效防止小麦种子杂种退化，保障优良品种的供给，促进优质小麦长期稳定增产。为切实优化小麦种子品质，确保有效提高种植农户的生产效益和产量，增加收入，下面就优质专用小麦种子繁殖技术要点进行介绍。

一 优质种子提纯方法

小麦原种生产主要方法有原原种直接繁殖、三圃制生产原种和二圃制生产原种等。

1.原原种直接繁殖

由育种单位或育种者提供生产原种的种子，由原（良）种场或种子繁殖基地在原种圃直接播种，进行扩大繁殖。在小麦生长至齐穗和成熟阶段，分别进行纯度鉴定，并严格拔除杂株、弱株。实践证明，直接采用由育种单位提供的原原种进行繁殖，生产出的原种能有效地保持原品种的典型性和丰产性。但育种单位提供的原原种往往数量有限，难以满足生产上的需求，也限制了新品种的推广，因而必须利用三圃制方法生产原种。

2.三圃制生产原种

三圃制是我国小麦原种生产的传统方法，至今仍然广泛运用。“三圃”指的是株（穗）行圃、株（穗）系圃和原种圃。用这种方法生产原种通常需要 3 年时间，所以又称“三年三圃制”。如果选择单株时设选择圃，就需要 4 年时间。三圃制生产原种的基本技术程序是“单株（穗）选择，分系比较鉴定，混系繁殖”。广大种子工作者根据实践经验对经典的三圃制技术进行简化，在“分系比较”阶段，以田间目测决定汰留。其主要内容可参照《小麦原种生产技术操作规程》（GB/T 17317—2011）。

（1）选择材料来源。根据原有的种子生产基础，单株（穗）的选择在原种圃、种子田或大田设置的选择圃中进行，一般以原种圃为主要生产来源，在种子田或选择圃中，单株（穗）的选择也应当是纯度较高、生长发育好的植株。

(2)选择方法。根据所需品种的特征特性,单株(穗)选择一般在典型性状表现最明显的时期进行。田间单株(穗)的选择一般分4个时期进行。

苗期,根据幼苗生长习性、叶形、叶色、植株分蘖情况、抗胁迫能力(主要为抗寒性)等进行初步选择,并做好标记。

在返青至拔节期,根据叶形、叶色、越冬生长情况和返青快慢等方面进行选择,保留生长较好的典型株。

在抽穗至灌浆期,再次对株形、叶形、抗病性等进行选择,尤其在抽穗期和开花期,并进行标记。

成熟期再根据穗部性状、抗病性、抗逆性、成熟期等性状做进一步选择。

田间被选择的单株(穗)成熟收获后,分别进行脱粒,再根据其粒形和粒色等进行选择,最终保留各性状均与原品种表现一致的典型单株(穗),进行编号并装袋保存。

(3)选择数量。单株(穗)数量的选择应根据下一年株行圃的面积大小而定。一般每亩株行圃需要种植6.75万个最终选择的典型的单株或者22.5万个以上的单穗。因此,在田间选株(穗)的时候,选择的数量在保证植株优良的基础上尽可能地多一些,以便进一步选择。

(4)田间种植方法。将上年选择的典型单株(穗)按统一编号种植。株(穗)行圃一般采用顺序排列、人工开沟、单粒点播的方法。行长2 m,行距20~30 cm,株距3~5 cm或5~10 cm,畦间留走道0.5 m,以便观察鉴定。每个单株的种子播种2~4行,每隔9或19个株行设一对照(本品种原种);每个单穗的种子播种1行,每隔49或99个穗行设一对照。株(穗)行圃四周种植8~10行保护行(本品种原种),或者5~6 m内不种植其他品种,以防天然杂交。(图3–2)

(5)田间观察记载。在整个生育期间要固定专人,按规定的标准统一

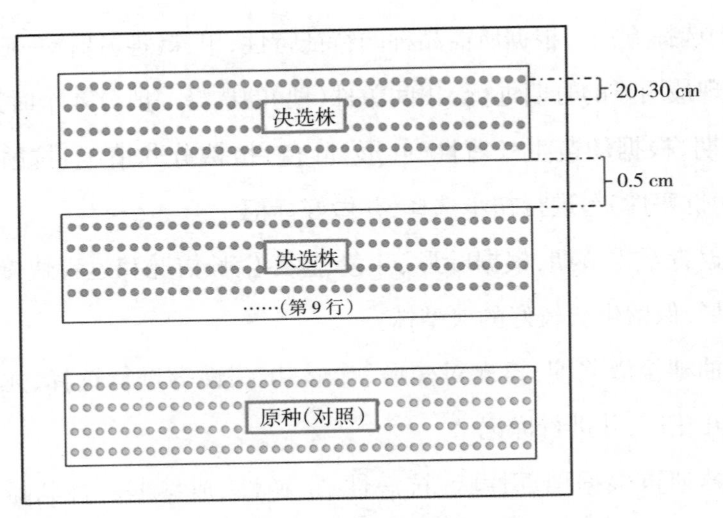

图3-2 田间种植优选单株示意图

做好田间观察和记载工作。株(穗)行鉴定可分3次进行。第一次在苗期,根据叶鞘颜色、幼苗习性、叶色、叶形、分蘖特点、耐寒性等选择符合本品种典型性状的株(穗)行,对不符合要求的株(穗)行做出记载,以便淘汰。第二次在抽穗扬花阶段,主要根据株形、叶形、抽穗期、开花习性、穗形、整齐度等进行淘汰,并比较各株行的典型性和一致性。第三次在黄熟期,根据穗部性状、株形、株高、抗病性、抗倒性、成熟期、丰产性、落黄情况等,与对照进行比较,确定当选株(穗)行。

(6)收获和室内决选。当选株(穗)行分别收获、打捆、挂牌,标明株(穗)行号。风干后,按株(穗)行分别进行考种,再根据本品种籽粒的典型性进行决选,保留株(穗)行的种子分别装袋保存。

(7)株(穗)系鉴定。将上年当选的株(穗)行种子,分别按小区种成株(穗)系。每小区为一个株(穗)系,小区面积视收获种子量而定,长宽比例以1:5~1:3为宜,行距20~25 cm。采取耧播、开沟条播或单粒点播的方法,每公顷播量为45~60 kg。逢10(或隔9)设置对照。田间管理、观察记载、收获与株(穗)行圃相同。但要求更严格,并分小区测产。对于符合原品种典型性状、杂株率不超过0.1%、产量不低于邻近对照组的株(穗)系当选,然后将当选株(穗)系混合脱粒。

(8)混系繁殖。将上年混合脱粒的种子稀条播种植,即为原种圃。一般行距20~25 cm,每公顷播量为60~75 kg,扩大繁殖系数。在抽穗至成熟期间,进行2~3次田间去杂去劣工作。同时,严防生物学混杂和机械混杂。原种圃当年收获的种子即为原种。(图3–3)

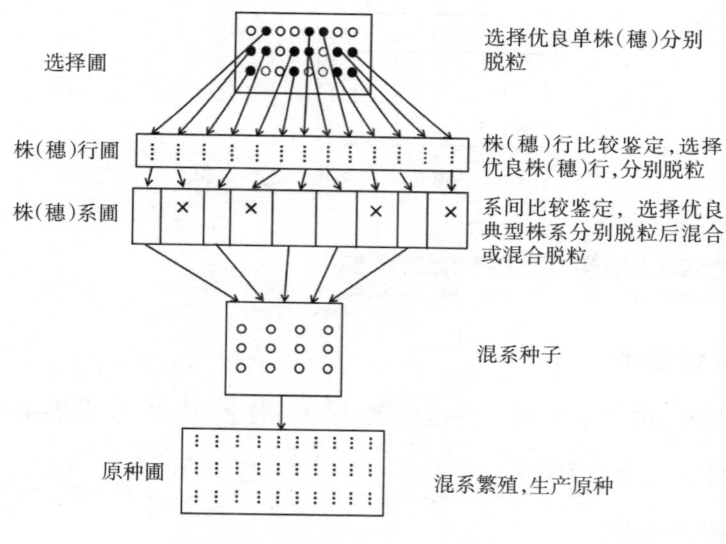

图3–3　三圃制原种生产程序示意图

3.二圃制生产原种

二圃制生产小麦原种与三圃制法基本原理相同。二圃是指株(穗)行圃、原种圃,简略了株(穗)系圃,即当选株(穗)行种子直接混合进入原种圃,繁殖生产原种。这种方法简化了程序,只需要2年,故称"两年两圃制"。二圃制生产原种主要用于一般小麦品种原种生产及新育成品种原种生产。(图3–4)

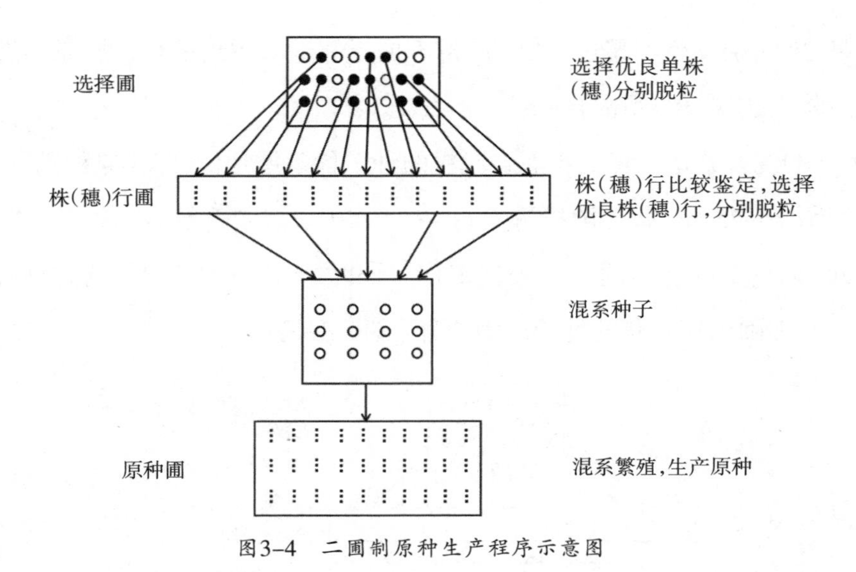

图3-4　二圃制原种生产程序示意图

二 优质专用小麦种子繁育技术

1.选地要求

土壤好,地力水平高。宜选棕壤、壤土、褐土、潮土、砂姜黑土等地力、肥水条件好的土地繁种。

2.整地施肥

(1)提高整地质量。整地播种应做到深、细、平、实、足。深即耕地要打破犁底层,深耕 25 cm 以上;细即适时进行耙地,耙碎大块土;平即耕地前为粗平,耕后再次复平;实即上松下实;足即表层土内部底茬充足,黏土表层的黏土含水量一般大于 20%,壤土含水量一般大于 18%,砂土含水量一般大于 16%,为田间土壤总含水量的 70%~80%,确保均衡较高的出苗率。(图 3–5)

(2)施足基肥。由于小麦生长前期需要有足量养分让其在入冬前就能长出足够多的次生根和强壮的分蘖茎来抵御低温, 耕地前就需要施够基础肥料。如果基肥的用量偏少,小麦在分蘖期没有得到足够的营养,会导

图3-5　播种前整地

致小麦幼苗细弱，在越冬期遭遇低温，就会造成冻害，直接导致产量大幅降低，所以种植小麦前科学合理地施用基肥，对小麦的后期阶段的生长非常关键。优质专用小麦施肥技术和用量请参照本章第三、四、五节中的相关内容。

3.适期足墒，科学播种

冬性和半冬性小麦最适播种平均温度为15~18℃，春性小麦品种最适播种温度为13~15℃。安徽省淮河以北和沿淮地区，半冬性小麦播种时间为10月中旬至下旬；淮河以南地区，春性小麦品种适宜播种期在10月下旬至11月上旬。适时播种，不仅可以培养出抗寒功效强的健康麦苗，而且还可以有效地防止冬前的麦苗衰弱或过旺地生长。同时，有利于促进田间小麦幼苗在入冬前形成优良的单株和群体结构，从而有效地保证了小麦后期形成理想的产量群体。

4.田间管理

在小麦生长发育过程中，病虫害严重影响小麦的正常生长，会导致小麦品质下降甚至严重减产。按照“预防为主，综合防治”的植保方针，在小麦的病虫害防治方面坚持实行无害化防治原则，采用农业防治、物理防治和生物防治为主，化学防治为辅的防治手段，进而降低病虫害对小麦生长发育造成的影响，获得优质的种质资源。首先根据当地的生态环境条件，选择具有一定抗病虫害能力的小麦品种；采用轮作倒茬的种植办法，科学地进行病虫害的防治；同时在小麦生长过程中严格做到小麦生长状况的实时监控，减少病虫害的发生概率。如安徽地区小麦生长过程中赤霉病和纹枯病等病害发生率较高，准确掌控小麦发病的时期，开展专门有效的应对措施，做到及时预防。（图 3–6）

图3–6　田间喷药

5.田间除杂

在小麦种子繁育技术工作中，除杂去劣是保证小麦种子纯度和质量非常重要的一个环节。应在严格隔离的条件下，根据植株的颜色、株高、穗形、穗色、芒的长短等性状的不同，在苗期、生长期、花期和成熟期等各个阶段分批连根拔除杂株和劣株。小麦田间除杂重点要抓好三个时期：

返青至拔节期，结合除草等田间管理，根据田间植株的形态、颜色等进行辨别，及时清除杂株。

抽穗至开花期，这个时期是田间去杂的关键时期，品种特征特性较为明显，鉴别可以从植株的穗色、穗形以及芒的有无长短等方面入手。此时植株具有较强的抗倒伏能力，是全面彻底除杂的最佳时期。去杂还要在每天光线最适宜的时段内进行，早晨太阳未出时的观察时机最好。此外，趁着雨后或浇水后，土壤湿度适宜的时候，有利于将杂株整株拔除。把杂株、变异株等植株应连根拔起并移出田间，并应在远离种子田的地方进行统一收集，待晒干后焚毁，消除后患。

灌浆至收获期，把超出或者矮于本品种高度、特早熟或特晚熟的杂株去除，对除杂不彻底的地块进行进一步重点检查，以确保种子生产的质量。

6.收获、晾晒、储存

适时收获，可以保证种子的质量，优质小麦种子最佳的收获时间是在蜡熟末期，小麦在蜡熟末期籽粒含水量为 20%~22%，籽粒较为坚硬，有光泽感，为最佳的收获时期。收获前要田间除杂，此外，专用优质小麦的收获过程中，应做好保持纯度的工作。种子生产基地组织专用收获机集中收获。收获和更换收获的品种前，应彻底清理收获机，防止机械混合进而影响种子纯度。收获应根据不同的品种进行。同一品种应统一晾晒，小麦种子含水量不大于 13%，单仓、安全贮放。严格清扫仓库及装袋，防止混杂。单独收获、单独脱粒、单独运输和单独储存是防止机械混合的重要措施，同时也要严防人为混杂。检验按照 GB/T 3543.1—1995 至 GB/T 3543.7—1995 国家标准进行，质量标准参考 GB 4404.1—2008 国家标准。如果是包装销售需要进行精选加工，可适当放宽净度要求，但是其他指标要符合种子的使用标准。

7.统一机械精选和包装

种子加工精选机械一定要在使用前清理干净，严防机械混杂，精选出的种子其净度达98%以上，无砂石土，水分在13%以下。种子完好率高，破损率在2%~3%，发芽率在85%以上。

第三节　优质强筋小麦栽培技术

一　强筋小麦概述

按照《小麦品种品质分类》(GB/T 17320—2013)标准，强筋小麦籽粒粗蛋白质含量（干基）≥14%，湿面筋含量（14%水分基）≥30%，沉淀值(Zeleny法)≥40 mL。作为优质面粉的主要原料之一，优质强筋小麦具有筋力强、品质精良等特点，适用于面包、馒头粉、饺子粉等产品的制作，进而受到消费者的青睐。

安徽省淮河以北地区地处黄淮海麦区南片，光热资源丰富，降水量偏少，生产水平高，是发展优质强筋小麦的潜在优势区域。安徽省淮北地区土壤肥沃，土壤中氮素含量较高，较为适合小麦蛋白质和面筋的形成和积累。该地区生产的小麦具有产量高、品质好等优点。

二　强筋小麦优质栽培技术

发展优质强筋小麦的关键在于实现高产优质，优质强筋小麦栽培的关键技术在于要保证小麦籽粒的湿面筋和蛋白质含量较高，面团稳定时间高于普通小麦。施肥、灌水、播期播量、种植方式和化学调控等项栽培措施都会影响小麦的品质。强筋小麦的生产实践首先要考虑强筋小麦所需总氮量高于普通小麦，所以在整个生育期应适当增施氮肥；其次，在生长发育中后期要提供充分氮素营养，着重补施拔节期氮肥；最后，要注意化学用药的选择，不适宜的农药也会对强筋小麦的品质造成不利影响。

本节主要从品种选择、整地原则、施肥、播种、田间管理病虫草害综合防治技术、适时收获等方面介绍优质强筋小麦高产栽培技术及其应用。

1.选用良种

选用通过安徽省农作物品种审定委员会或全国农作物品种审定委员会审定，适宜安徽省淮北地区种植的高产、抗逆性强的半冬或弱冬性小麦品种。强筋小麦选种指标：蛋白质含量≥14%，湿面筋含量≥30%，面团稳定时间≥8 min，抗延阻力≥350 EU。在管理过程中应遵循“一种一策”原则，实现品种本身优质潜力和外界环境条件及栽培管理措施相结合的最佳搭配。

种子处理：精选种子，避免因质量不达标、虫蛀等问题而造成的种子出苗率降低，并且做好以下两点：①发芽试验。以发芽盒为载体进行发芽试验，将发芽盒置于人工气候箱后，种子生长期间始终保持发芽盒内湿润，定期观察种子发芽数目，并计算出发芽率。②种子处理。采用50%福美双进行拌种，用量控制在种子量的3%，或者采用50%麦迪安以1∶500的比例进行种子包衣处理，避免种子在生长期间出现根腐病、腥黑穗病等。

2.整地

要求土壤深耕或深松，耕作深度在20~25 cm，畦面平整，无明暗坷垃，耕后耙碎保墒，达到上松下实。旋耕宜选用带镇压器的旋耕机械，适时适墒旋耕，旋耕深度达到15 cm；中小型机械旋耕，应镇压耙实后播种；旋耕田块每隔2~3年深耕或深松一次，耕深25 cm左右，深松以打破犁底层为宜。前茬为玉米田块，采用联合收割机将秸秆粉碎成10 cm以下小段，深耕翻埋，耙透压实。播前土壤墒情不足的应补墒，保证土壤含水量达田间最大持水量的80%~85%。提倡打畦田或预留操作行，畦田宽4 m左右，行道宽40 cm。（图3–7）

图3–7　田间整地

3.施肥

生产中应充分考虑小麦在不同生育期对养分的不同需求，优质强筋小麦高产栽培施肥应为施足底肥，返青不施肥，重施拔节孕穗肥，轻补开花灌浆肥，提倡春季施肥时间后移，追肥分次施入，前重后轻。

(1)有机肥。有机肥的性质稳定，且养分充足，经过土壤中微生物的分解，可以有效地将养分逐渐释放出来。且施用有机肥，还能够有效地改善土壤结构，提高土壤的保水保肥以及抗旱能力。每亩施入有机肥范围在 3 000~5 000 kg，产量可以达到 500 kg 以上，高质量的水肥条件能够促进强筋小麦的生长发育。

(2)化肥。氮肥的施用：一般来说每亩使用纯氮范围在 14~18 kg 时，效果比较好。氮肥分次施用可适度减少基施氮肥量，提高小麦拔节后的氮素同化能力和土壤残留率，实现氮素利用效率和产量的同步增加。根据小麦生长发育过程中植株对氮素吸收利用的规律，一般分蘖到越冬和拔节到孕穗有两个氮素吸收的高峰，所以为了满足小麦生长过程中对氮素的需求，促进小麦的分蘖，保证土壤中含有充分的底肥非常重要，基肥可施全部施氮量的50%~60%；在进入拔节期时，小麦植株生长速度增加，小麦植株对氮素的吸收和积累速率达到了另一个高峰。在此时追施氮肥，可促进籽粒蛋白质含量的积累，实现产量与品质同步增加，拔节期可施入全部施氮量的40%~50%。

磷肥和钾肥的施用：施用磷肥可增加小麦产量，如果土壤中原有速效磷含量比较低，则施加磷肥后产量提升幅度较显著。过度施加磷肥，虽然可以促进产量提高，但会降低小麦体内氮素积累速率，影响籽粒中蛋白质含量的积累。磷肥施用范围在每亩7~10 kg时效果最好。施用钾肥也能起到增产和改良品质的作用，皖北旱地小麦每亩施用氧化钾6~8 kg较适宜，但当土壤中的有效钾水平高于100 mg/kg时，施用钾肥的效果不显著。

4.播种

（1）播期。适期播种是培育冬前壮苗的基础，早播或晚播，均不利于提高小麦的品质。播种过早，温度较高，小麦苗容易出现旺长现象，导致越冬前小麦群体较大，且抗寒性差的品种还容易在冬季发生冻害现象；播种过晚，会造成小麦苗龄小，长势弱，同时还影响根系的生长，无法形成壮苗安全越冬。参照安徽省地方标准（DB34/T 716—2007），安徽省淮北地区强筋小麦适宜播期为：半冬性品种在10月上中旬（日平均温度14~16℃）播种；春性品种在10月下旬至11月上旬（日平均温度12~14℃）播种。

（2）播量。播种量过高，会造成单位面积麦苗密度过大，麦苗个体之间相互竞争较大，造成幼苗过弱，后期籽粒灌浆后也容易出现倒伏现象，从而造成减产，因此，播种前根据不同小麦品种的分蘖成穗能力确定播种量至关重要。一般情况下，安徽省强筋小麦半冬性品种基本苗范围每亩在14万~18万。若是土壤肥力水平较低，或者连阴雨天气造成的土壤黏重，导致播期推迟，应适当增加播种量。播种量按下列公式计算。

$$播种量(千克/亩)=\frac{每亩计划基本苗数\times千粒重(克)}{种子净度(\%)\times种子发芽率(\%)\times田间出苗率(\%)\times10^6}$$

(3)播种方式。播种过深会影响出苗率,由于出苗的过程中种子内营养成分被消耗,从而导致分蘖减少;播种过浅会造成出苗过程中出现缺苗断垄现象,还会因为分蘖节距离地面过近,降低小麦苗的抗冻能力。一般采用机械条播,行距 20~23 cm,播种深度 3~4 cm,播种均匀,深浅和行距一致,保证不重播、不漏播,播后及时镇压。(图 3-8)

图3-8 田间播种

5.田间管理

(1)冬前管理。越冬前要及时进行查苗、补种,当小麦进入 3~4 叶期时还需再次查苗、补缺。对缺苗断垄的地方,用该品种的种子浸种至露白后及早补种,有疙瘩苗的及时疏苗。对缺墒、秸秆还田和旋耕播种、土壤悬空不实的麦田,应在 11 月底至 12 月上旬,日平均气温稳定在 3℃左右时进行冬灌,每亩灌水量 30~40 m³,浇水后土壤墒情适宜时要及时划锄。冬前对小麦的田间管理要以促进根系的生长发育为主。

(2)春季管理。当小麦进入返青期后,要因时因苗灵活运用肥水。苗情正常田块返青期要控水控肥,没有特殊情况,无须追肥浇水。拔节期肥水管理:①一类苗:拔节中后期结合浇水,每亩施尿素 10 kg 左右。②二类苗:拔节期结合浇水,每亩追施尿素 10~12 kg。③三类苗:起身期结合浇水每亩追施尿素 12~15 kg。

(3)后期管理。小麦生长后期要控水。适宜的干旱一定程度上还能提高小麦籽粒角质率,过多浇灌浆水会影响强筋小麦的品质。因此,如果生长后期能够基本满足小麦发育过程中的需水量,一般不浇水;如果有干旱情况且不能满足小麦生长需求,尽量减少浇水次数,坚持能浇一遍绝不浇两遍的原则。小麦孕穗至灌浆期需喷施叶面肥,每亩叶面喷施 0.3%~0.4%的磷酸二氢钾溶液 50 kg,缺氮的麦田可加喷 1%~2%的尿素。也可把尿素、磷酸二氢钾与杀虫剂、杀菌剂等混配,开展"一喷三防"。

6.病虫草害综合防控

病虫草害会造成小麦减产,籽粒品质下降。小麦感染病害会导致籽粒皱缩,降低面筋强度和制粉品质。要加强病虫草害的预测预报,坚持"预防为主,综合防治"的防治策略,农业防治与化学防治相结合,及早防治的原则。化学防治要抓住适期,选准药种,用足药量和水量。如对赤霉病,每亩用 50%多菌灵(苯并咪唑类)不低于 100 g,对白粉病、锈病,每亩用三唑酮、烯唑醇等药剂纯药 2~4 g,对根腐病、茎基腐病、纹枯病,每亩用 80%戊唑醇可湿性粉剂 10 g,或 15%三唑酮可湿性粉剂 100 g,或 24%噻呋酰胺乳油 30~35 mL。

当麦田点片有麦圆蜘蛛 200 头/33 cm 或麦长腿蜘蛛 100 头/33 cm 时,每亩可用 1.8%阿维菌素乳油 8~10 mL,当蚜虫达到 200 头/百株时,每亩可用25%噻虫嗪水分散粒剂 10~15 g,或 70%吡虫啉水分散粒剂 2~3 g,加水 30~40 kg 喷雾。当小麦进入抽穗期时,可采用杀虫剂喷雾,以防穗期遭受吸浆虫伤害。

对于杂草较为严重的田地,在小麦出苗后、分蘖期和起身期及时除草，当双子叶杂草较多时，每亩可使用 58 g/L 双氟·唑嘧胺悬浮剂 10~15 mL；当单子叶杂草较多时，每亩可使用 15%炔草酯微乳剂 50 g，拔节后禁止化学除草。

7.收贮

蜡熟末期是最适收获期，此时收获小麦产量最高，籽粒较为坚硬，有光泽感，籽粒蛋白质含量及其干湿面筋含量也最高，有利于后期加工。当收获时如果遇雨而穗发芽，也会显著降低籽粒品质。使用联合收割机进行收获，收获应根据不同的品种进行，单独收获、单独脱粒，单独运输和单独储存是防止机械混合的重要措施，同时也要严防人为混杂。（图 3–9）

图3–9　成熟期田间收获

此外，需要注意晾晒，选择晴朗干燥天气，先将晒场晒热，薄摊勤翻，一般厚度为 10~15 cm。农户一般采用楼成沟的形式，可以增加光照面积，使晾晒更快更均匀，晒至 50~52℃，保持 2 h，下午 4 点前聚堆入仓，一般需晾晒2~3 天。特别要注意，不可将籽粒直接撒入沥青的路面或者是水泥地面上，以免籽粒被太阳光长时间照射后温度过高形成灼烧和烫伤。

小麦籽粒应分品种入库贮藏保管，可以挂内外标签以便区分品类。库中应通风干燥、防鼠、防潮、防火。若要常年保存就需要在低温条件下冷冻和严防病虫害，可以考虑利用冬季的低温，进行翻仓、清除杂草、摊晒，将小麦的温度下降到0℃左右，趁冷回到仓库压盖封闭，有效预防越冬虫害。

第四节　优质中筋小麦栽培技术

一 中筋小麦概述

按照《小麦品种品质分类》(GB/T 17320—2013)标准，中筋小麦籽粒粗蛋白质含量(干基)≥12.5%，湿面筋含量(14%水分基)≥26%，沉淀值(Zeleny法)≥30 mL，延展性好，适于用来制作对小麦粉面筋的强度要求不高的中式面点，如面条、馒头、饺子等。

根据安徽省的气候及土壤条件，小麦主产区主要分为淮北、沿淮旱茬麦种植区以及沿淮、江淮之间稻茬麦种植区。旱茬麦区主要分布于淮北、沿淮地区，土壤质地大部分是砂姜黑土，前茬主要种植玉米、大豆、芝麻等作物，土壤肥沃，氮素含量高，适宜种植强筋和中筋小麦，特别是淮北北部的砀山、萧县、宿州等黄河故道沙壤土更适合种植中筋小麦。稻茬麦区主要集中在淮北南部阜阳、淮南、亳州、蚌埠、六安、合肥、滁州等地区，该区光、温条件与淮北比较接近，但雨量稍多，比较适宜种植中筋或弱筋小麦。

二 中筋小麦优质栽培技术

1.选用良种

选用优质良种是最经济有效的高产优质栽培措施，根据安徽省气候条件，选择合适的专用小麦品种。在安徽淮北麦区和沿淮、江淮之间麦区主要以半冬性或春性品种为主。

小麦种子播种前的处理主要经历了三个阶段，一是精选优质品种；二是做种子发芽试验；三是进行药剂拌种。精选优质品种和种子发芽试验主要目的在于保证小麦产量和出苗效果，从而实现全苗、齐种；药剂拌种的小麦主要用于防治蚜虫、吸浆虫等害虫。皖北大部分地区种植户选择优质中筋小麦种子后，在高产的情况下，从当季收成和品质较优的小麦品种中预留下年播种需要的种子，这就要求种植户在小麦播种前要进行选种、药剂拌种和发芽率试验。进行小麦发芽率试验一般在播种前7~10天进行测试，要求发芽率在85%以上方可使用，之后对筛选好的种子进行药拌，以防止虫害和提高种子的发芽率。做好种子处理后就可以根据土地墒情、天气情况进行适期播种。

2.整地

安徽地区主要是进行一年两季的轮作耕种，秋收后每年进行一次土地耕种。皖北一般夏秋进行大豆或者玉米种植，皖南地区一般夏秋进行水稻种植，冬春多种植小麦。因此精细全面整地、精耕细作对于小麦的产量来说很关键，秋耕宜早不宜晚。如前茬农田是种植玉米，收获玉米作物时一定要将粉碎的玉米秸秆打碎均匀进行平铺，深耕后将粉碎的玉米秸秆与其他耕作层的土壤充分混合，之后再进行耙平、耙实，最终必须要做到土壤细碎，地面平整，上虚下实。这样不仅提高了土壤的蓄水能力，还利于小麦作物根系下扎。如前茬作物是大豆的地块，则需对豆秆细碎还田,无法破碎的豆秆进行机械或者人工处理。在对土地进行深耕时,要根据其土地的软硬程度来决定耕耙次数,在对土地进行耙压时,土地的处理应该要做到上虚下实,土壤细碎。若前茬作物为水稻,其茬口衔接比前茬为玉米或大豆要紧张,且水稻种植后的土壤质地黏重,土壤含水量较高,不适宜小麦的机械播种,要经过耕翻晒垡,使土壤风化,改善土壤状况。另外,因秸秆还田的实施,需要进行先进行旋耕灭茬,后铧犁耕翻,最后在播种前再浅耕,耙碎做畦。

(1)整地标准。整地要达到深、细、平、实、足的要求。深是指耕地的深度一般控制在 20~25 cm,目的主要是为了破除 20 cm 深的地下硬土,深埋地面有机肥料,从而促进小麦根系生长旺盛,利于出苗后的小麦最大限度地吸收土壤的水分和营养。细是指适时精细耕地,耙碎耕层中的一个大颗土块,保持其颗粒的大小相同,目的主要是有效储存土壤中的水分,利于将根系和细碎的土壤紧紧连接,充分吸收土壤中的水分和营养。平是指为了保持耕作前后的地表平整,不形成高低不平的地块。实是指上虚下实,不漏耕,不漏耙。足是指土壤底墒要足。(图 3-10)

图3-10 田间整地

（2）整地措施。耕作方式主要有犁耕与旋耕、耙耕三者结合的耕作方式，一般来说犁耕一年一次，打破底层硬土，深松的耕作深度应该要逐年渐进和加深，不能一次犁得太深，翻出大量的生土，不利于作物根系的正常生长发育，从而影响小麦产量。具体的耕地深度应该是在 20 cm 以上，深耕 25 cm 以上，当然也要根据具体田块情况来确定具体的翻耕深度。旋耕主要目的就是通过机械把田间表面的秸秆进行粉碎，土块粗细变化，一般旋耕深度为 12~15 cm。耙耕主要目的在于平整农作物在田里无法被粉碎的秸秆和巨大的土块，以便平整土地。

（3）其他管理。玉米茬地应该做到收割后及时进行灭茬，边耕边耙，增加底墒；晚茬地应尽快腾茬，并结合施肥，深松细耙，蓄住土壤水分，保持土壤墒情。玉米茬地不论是早茬、晚茬都需要及时清扫根茬、带病的秸秆以及田间地头的杂草，最大限度地降低小麦发生病虫害的概率。豆茬地应该及时清除秸秆、根茬，在收割机收割后会遗漏一些苗青和根茬，耕耙也无法完全去除，需要进行人工清理。旋耕地块时可根据当地土壤的实际具体情况来确定旋耕的深度，确保地块的耙匀踏实。

3.施肥

（1）秸秆还田。皖北地区秸秆还田主要指的是玉米和大豆的秸秆，玉米和大豆农作物的秸秆中所含有丰富的天然化学有机质和多种矿物质。在实行秸秆还田过程中要做到：一是注意耕种翻耕的深度，一般犁耕在 25 cm，耙耕时无法粉碎的长叶和根茎要及时移除田地。二是注意翻埋量，不宜过多，根据农田具体肥力而定。三是注意粉碎长度，一般长度为 5 cm 左右，过长容易造成土壤深层不实，易挤压住小麦麦芽生长。四是杜绝带病秸秆还田，在皖北地区容易出现玉米或大豆地块大面积死亡现象。造成这种现象有诸多方面的原因：天气原因（干旱）、土壤原因（土壤酸碱化）、种植密度、病虫害等。为保证下季小麦作物的健康生长，这类秸秆严禁还田。

(2)化肥使用。氮肥的施用一般采取控制生长总量、分期加以调控的方式,切不可直接采用"一炮轰"的施肥工艺,根据小麦各个生长阶段的目标来确定各个生育期施用的氮肥量。同时,重点针对各生育期的水分情况、品种功能特性进行了分期调节,确定了合理的基追比。若小麦亩产达 500~550 kg,所施氮肥 13~15 kg;若小麦亩产达 450~500 kg,所施氮肥 10~12 kg。

针对保水、保肥能力良好的高产麦田氮肥基追比可以设定为 4:6 或 5:5,即 40%~50%的氮肥在播种时进行施用,50%~60%的氮肥在返青至拔节期时追施;而在中产麦田氮肥基肥与追肥比值可为 6:4;对保水、保肥能力差的沙性土壤基追肥比例控制在 4:6 为宜;对土壤质地黏重的砂姜黑土基肥与追肥的比例以 7:3 为宜。与此同时,也一定要特别注意根据苗情来施肥,追肥的时间与追肥实际用量随时依据麦苗的具体情况,随时进行合理灵活的调整。

4.播种

(1)播种量。小麦平均播种数量主要是根据当地的气温、土壤肥力、土壤温湿度、播种时间等实际情况因素来进行确定,过少播种可能直接导致整个麦田出苗稀疏,过多则可能大大影响了整个麦苗的正常生长。因此,就需要充分依据小麦不同品种间的特征来进行合理正确的小麦种植。一般而言,区域、气候、小麦品种都会影响播种量的多少,播种量的多少可依据大田的基本苗来计算得出。

$$\text{播种量(千克/亩)}=\frac{\text{每亩计划基本苗数}\times\text{千粒重(克)}}{\text{种子净度(\%)}\times\text{种子发芽率(\%)}\times\text{田间出苗率(\%)}\times 10^{6}}$$

(2)播种期。小麦的播种时间需要根据各地的气候、温度、土壤墒情而定。适期播种的主要目的就是为了充分利用立冬前的热源,培育壮苗,但也不可提前过早。具体播种期是根据每年具体情况，以免小麦苗期生长旺盛影响过冬。具体而言，安徽省内一般在10月中下旬至11月上旬。在秋收结束后，天气、土壤湿度适宜，就可以进行播种，但皖北地区由于在小麦播种期会遇干旱，为了不延误播期，需要进行灌溉来确保达到播种条件的墒情；而皖南地区由于稻茬衔接口紧张，土壤质地黏重，需要晒田后，才能进行播种，也会延误播种。所以适宜播种期要参照每个地区的自然条件而定。

5.田间管理

(1)水分管理。小麦生长离不开充裕的水分，具体是否必须进行灌溉主要根据当地小麦生长发育阶段和当地气候情况决定。在农作物中由于缺少天然降水或遭遇干燥情况下，我们就可以选择人工或机械灌溉的形式来提供粮食和麦田所需的水分。此外，为了高效地利用水资源，就必须采取科学合理的灌浆管理技术。常见的农作物灌溉技术主要包括：畦灌、渠道灌和喷淋灌。皖北地区目前所采用的主要灌溉形式多数是渠道灌和喷淋灌，不仅提高水分利用效率，防止水土流失，又能够确保灌溉的适量、足量。

小麦是否需要灌溉要遵循看天、看地、看苗、看人的原则。看天是指要了解最近的天气变化、关注最近的气象部门发布的信息，判断是否需要灌溉。一般在皖北秋季秋收后会发生雨水短缺、土地干旱情况，是否种植小麦要看最近天气是否降雨。看地原则是指观察土壤情况，一般在皖北平原，土壤缺水容易导致土块开裂，或者用工具深挖一般在15 cm左右，观察土壤情况以此判断是否缺水。看种植苗的原则是指仔细观察麦苗所在的发育阶段，麦株的外侧形态和生长势。一般来说是发芽阶段缺水表现为麦尖发黄，需要及时进行灌溉。当麦苗生长正处于冬前的有效分蘖期，若遇到干旱，要及时浇水，增加分蘖数，从而增加小麦有效穗数，提高产量;反之若处于开春后的无效分蘖阶段,即使遭受干旱,为了减少无效的分蘖,就要有意避免灌溉。看人原则是指在现有的技术条件下,是否进行科学管理麦田。一般在小麦缺水的情况下,正常是能直接观察出来,这时需要种植农户自行决定是否需要灌溉,还是观察天气等待降雨。在小麦的早期生长发育过程中,即拔节、孕穗、抽穗、灌浆这几个重要阶段遭遇干旱,需要及时适量灌溉。

(2)除草。近年来,小麦田除草主要是采用化学药剂防治杂草。在安徽南部,沿淮江淮流域的稻茬麦区的草害比皖北区域旱茬麦严重。在小麦的整个生育时期,最佳的除草剂施用时期为冬前小麦分蘖期(11 月中旬至 12 月底)和第二年小麦拔节前(2 月底至 3 月初)。在这两个时期打除草剂防治效果最好,且对小麦也不会造成太大影响。首先必须抓住越冬前小麦三叶期尽早进行化学除草,此时杂草较小,耐药性差,除草效果比较明显。另外,选择使用除草剂时,也要注意掌握喷药时的天气状况和土壤墒情。一般除草剂在平均气温 6℃以上施用防治效果较好,且需要选择晴天时用药,一般在上午 10 点到下午 3 点为宜。当麦田旱情严重时,为了确保除草剂的药效,需要结合灌溉或天然降雨后再进行喷药,才能达到理想效果。

6.病虫害综合防控

蚜虫是小麦最常发生的主要虫害之一,又称腻虫。蚜虫在小麦根部、茎秆和叶片上均有发现,主要以吸食小麦液汁为生,严重地影响了小麦的光合作用,造成小麦的减产,严重情况下还可能会造成 30%以上的经济损失。防治麦蚜虫,需要及时清理田间、田头等杂草,减少麦蚜虫的适生地及越夏寄生。秋季播种时要尽可能地采用深耕的方式,在国家严禁焚烧保护环境的大环境下,要结合药品、肥料等农田管理措施,适当控制氮肥用量,适期增施磷、钾肥等。防治麦蚜虫常用的化学药剂有 10%啶虫脒乳油、15%噻虫·高氯氟悬浮剂、6%联苯菊酯·啶虫脒微乳剂、22%螺虫乙酯悬浮剂+10%啶虫脒乳油、50%抗蚜威等，通过叶面喷施方式喷洒在小麦植株上。

小麦赤霉病是一种比较典型的小麦真菌性传播病害，同时也是我国小麦的主要传播病害之一，主要出现在潮湿、半潮润的土壤地方；安徽南部的稻茬麦区，皖北小麦种植地区遇到持续降雨均会发病。小麦赤霉病可以发生于小麦种植和生长的各个阶段，尤其是在抽穗阶段，严重时可使小麦减产 40%左右。同时小麦白粉病在我国小麦各主要产区均有所发生，它们能直接侵害到小麦的各个部位，主要是以叶片、叶鞘为主，传染速度相对较快。

为防治小麦赤霉病、白粉病等的发生，需要对麦田进行合理蓄水排灌，控制小麦的种植间隙，及时排水、施肥。安徽南部的湿地地区需及时开沟和合理排水。小麦成熟后，要尽量把它收割干净和防止脱粒。收割后，对每亩麦田土地采用深耕灭茬。同时根据所种植物的小麦品种，在其扬花期需要进行一定量的药剂喷雾防治，且一定要尽量避开阴雨等恶劣天气。若在开花期间常遭遇连阴雨，特别是安徽南部的稻麦轮作区，要进行二次喷药防治，一般与第一次喷药间隔一个星期。防治赤霉病常用的主要化学药剂为 40%多菌灵胶悬剂、50%甲基硫菌灵等，其中多菌灵胶悬剂对防治赤霉病的效果较佳，喷药时应多集中喷施小麦穗部。对于小麦白粉病的预防，在没有出现任何病症的情况下或者是出现病害初期就要及时做好白粉病的预防。常用的药剂主要有 20%三唑酮乳油、烯唑醇可湿性粉剂等，通过喷施形式进行。喷施过程中要做到全株喷施到位，特别要注意小麦下部茎秆等部位，常易喷洒不到。

7.收获

安徽省内一般种植的都是冬小麦，在每年的 5 月至 6 月份收获。但是具体收获时期还要因品种、地域不同而有差异。在小麦蜡熟期是收割最佳时期，此时小麦产量和品质最好。因此判断小麦是否到了蜡熟期至关重要，一看小麦籽粒，当小麦籽粒呈现深浅不同的橘黄色，切开后里面呈蜡质状稍硬，腹沟处稍软，背部能挤压出轻微指甲印；二看整个植株，叶片变黄，茎秆从下至上变黄，穗下茎变黄，旗叶叶鞘及倒二叶转黄不干枯，全株呈现黄、绿、黄三段，此时便可判断为小麦蜡熟期。同时，收获时应选择晴天上午 9 时—11 时露水自然风干后或者下午 4 时—6 时麦田起潮前收获最佳，此时小麦容易脱粒，也不容易受潮发霉。

第五节　优质弱筋小麦栽培技术

一　弱筋小麦概况

按照《小麦品种品质分类》(GB/T 17320—2013)标准，弱筋小麦籽粒粗蛋白质含量(干基)<12.5%，湿面筋含量(14%水分基)<26%，沉淀值(Zeleny 法)<30 mL，稳定时间不高于 3 min，磨粉后适于制作糕点、馒头、包子和酥软饼干等食品。

安徽淮河以南是我国的优质弱筋小麦生产区，该地区气候湿润，热量条件良好，年降水约为 1 000 mm，其中小麦生育期降水约 250 mm，抽穗至成熟期降水约 150 mm，尤其在小麦生育后期降水较多，不利于籽粒高蛋白质和强筋力面筋的形成，利于生产弱筋小麦。

二 弱筋小麦高产优质栽培技术

1.选用良种

结合当地的种植环境条件、供销情况，并因地制宜地选择最适合当地的弱筋小麦品种。种子必须无病粒、无杂质、纯度高、发芽率在85%以上、含水量不高于13%，且有较强的抗病性和抗湿害性。选择品质指标符合GB/T 17320—2013的优良品种，目前安徽省种植面积较大的弱筋小麦品种有扬麦15、皖西麦0638、扬麦20等。

2.整地

（1）整地方法。在播种前及时整地，采用机械深耕，一般耕作深度20 cm，将土壤中的土块打碎，使土壤颗粒整齐均匀，通过改善土壤的物理特性和密度，来提高土壤透水、透气、保肥和供肥能力。耕后要细耙，来保证土地平整，否则会影响播种效果，使得小麦出苗不均匀，导致长势不好。在使用机耕时，要了解土壤湿度，达到土层全碎的要求，提高耕地质量，为保全苗、齐苗、匀苗、壮苗奠定基础，为弱筋小麦的生长提供良好的土壤环境条件。

（2）开沟方法。安徽南部地区常年雨水较多，导致籽粒品质降低、产量下降，严重影响弱筋小麦的生产，因此在整地时需要开沟来排出田地中的表层明水，在田块两端进出水口处，需挖深度达30 cm的横沟，当田块长度超过100 m时，需开条深度达25 cm的腰沟。开好腰沟、厢沟和边沟，做到内外沟配套、沟沟相通、旱能灌水、涝能排水，并在小麦生长过程中时刻注意排水沟是否堵塞，加强管理，及时清理。

3.施肥

（1）科学施肥。弱筋小麦要适当减少氮肥的施用，氮肥施用要提前，氮、磷、钾的配比要合理。氮肥施用的多少要根据种植地区土壤水平来定，在中等肥力的地块，小麦的全部生育时期每公顷需要施用纯氮150~180 kg，磷肥90~105 kg，钾肥90~105 kg。在常年施用有机肥的地区，可以减少化肥的施用量，在土壤经历水害或者土壤条件较差的地块，可以多施用一些有机肥。

（2）基肥和追肥。基肥和追肥比例为7:3，其中氮磷钾肥的70%用作基苗肥、平衡肥，30%用作追肥在拔节期施入。每亩施尿素10 kg，45%复合肥（N–P_2O_5–K_2O 15–15–15）30 kg，返青期视苗情而定，每亩地施46%尿素3~5 kg，为了保证弱筋小麦品质质量，在拔节期之后尽量不要再追施氮肥，三月中旬可施45%复合肥15 kg。

4.播种

（1）播种期。安徽省淮河以南地区小麦适宜播期为10月25日至11月10日，播种前应将种子晒1到2天，来提高发芽率。

（2）播种量。在适期播种条件下，每亩地播种量8~10 kg，如播期较迟、整地质量较差，可以适当增加播种量。

（3）播种方式。地势平坦的地区采用机械条播，地势不好的地区可以撒播。使用机械播种时播种的深度要做到一致，行距一般在20~25 cm，保证小麦群体的通风透光，建立高质量的小麦群体。如茬口或天气原因导致不能正常机械条播，可以采用撒播的方式，但是要求播种均匀一致，播种量适当增高，并且播种完后用浅土盖好。

（4）播种深度。播种的深度应该最适宜小麦生长，不能过深，否则幼苗出土困难，地中茎过长，延长出苗时间，不能过浅，否则麦苗容易受冻害，分蘖过小且容易出土。土壤墒情适宜时，播种深度应该控制在2~3 cm，土壤偏旱时，播种深度应该控制在3~4 cm，并且做到播种深度一致。

5.田间管理

(1)冬前及越冬期管理。由于播种时漏种、地下害虫等其他原因导致缺苗的情况,应在小麦出苗后及时进行查漏补缺,对10 cm及以上无苗地块,使用相同品种的种子浸种催芽,及时补种。

生长正常的弱筋小麦幼苗冬前一般不施肥浇水。安徽省淮河以南地区进入春季之后降雨量明显增多,要及时清理排水沟,防止排水沟堵塞造成小麦渍害、湿害,导致产量降低。

(2)返青期至抽穗期田间管理。返青期是化学除草的关键时期,每亩使用麦草星180 g、麦草贫15 g或6.9%骠马60~90 mL+20%使它隆50~70 mL,加水混合均匀,均匀喷雾去除田间杂草。在小麦出苗后及时进行除草、松土、改良土壤环境、促进微生物活动等,提高土壤潜力,促进小麦幼苗生长发育,消灭对小麦生长的不良危害。

对于个体发育较差,每亩穗数小于60万的田块,可在返青期追肥;对于每亩麦穗大于80万的地块,不再施肥或减少施肥。如果出现倒春寒现象,应当及时灌水,每亩地灌水40 000~50 000 L。

(3)抽穗期至成熟期田间管理。小麦生长到后期,根系仍然有较高的活力,籽粒正在膨大,对水分的需要更为敏感,如果水分不足就会使光合能力下降,严重影响碳水化合物的合成和转运。因此若抽穗后天气持续干旱,可在开花7~8天内进行浇水,在雨水过多的季节里,注意排水,以免影响小麦品质。

6.病虫害综合防控

(1)病害防治。在起身期至拔节期进行小麦的纹枯病防治,每亩使用5%的井冈霉素水剂300 mL或12.5%的纹霉净水剂300 mL兑水稀释至80 kg。在孕穗期进行小麦的白粉病防治,每亩地使用100 g 15%的三唑酮可湿性粉剂或30 g 12.5%的烯唑醇,兑水稀释至50 kg,喷药时应注意喷施植株下部叶片。抽穗期至开花期进行小麦的赤霉病防治，应尽早喷药，第一次在小麦开花伊始时进行，第一次喷药后约7天进行第二次喷药，每亩地使用100 g 50%多菌灵可湿性粉剂或75 g 70%甲基托布津可湿性粉剂加水稀释至50 kg。喷药时重点对准小麦穗部，两次防治选用的药品类型在防治机制上应当有差异，以延缓抗药性产生。

（2）虫害防治。小麦苗期的蚜株率达到40%~50%，并且每棵小麦植株平均有4~5只蚜虫时，每亩地使用50 g的10%吡虫啉加水稀释至50 kg用于喷雾防治。

当发现每平方米有黏虫15头以上时，每亩地使用2 g灭幼脲1号，或5克灭幼脲3号进行喷雾防治。

7.收贮

（1）适时收获。安徽省淮河以南地区的小麦收获期一般在5月末至6月初，这个季节时常会有阴雨，会导致小麦在地里发芽、霉变、掉穗、掉粒，严重影响小麦的品质，因此要及时收获。太早收获会影响小麦籽粒的灌浆，要等到小麦的穗子中部籽粒大小、颜色接近正常，内部变得坚硬且在蜡熟末期至完全成熟及时组织机械抢收。（图3-11）

图3-11　机械收获

（2）籽粒管理。收获后的弱筋小麦籽粒，需要统一存放，在籽粒贮藏、籽粒运输、籽粒加工的每个环节都要进行严格的把控，以保持小麦品质的稳定性。

第四章 优质专用小麦加工技术

随着小麦产业的升级和消费水平的提升，现在市场对优质专用小麦的需求不断增加，优质小麦种植面积不断扩大，优质小麦加工市场前景广阔。

小麦加工过程涉及较多环节，从科研需要和生产上可具体分为小麦制粉、小麦粉加工品质检测技术和小麦面制食品加工技术三个方面。

第一节 小麦制粉

小麦制粉是小麦加工的第一道工序。无论是实验室小型制粉还是面粉厂制粉，都需要在制粉前进行清理，才能磨制出一定数量比例的符合标准规定要求的面粉。因此面粉厂的制粉工序，包括两个主要的流程，常将各种清理设备如初清、毛麦清理、润麦、净麦等合理地组合在一起构成清理流程，称为麦路。将经过清理，小麦通过研磨(皮磨和心磨)、筛理、清粉、打麸和松粉等工序，制成小麦面粉的整个过程称为粉路。麦路、粉路以及面粉后处理等环节组合成完整的制粉流程(图 4–1)。

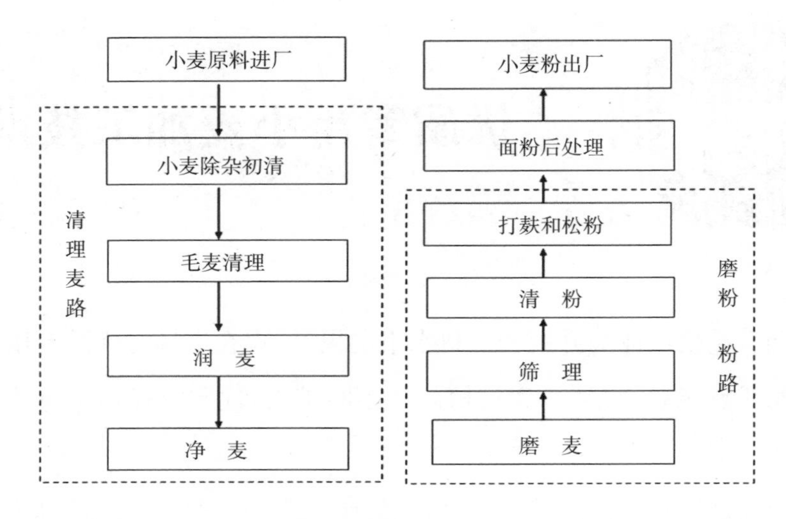

图4-1 小麦制粉流程

一 麦路中的主要环节

1.小麦除杂清理

在小麦成熟收获和收贮过程中，不可避免会混入各种各样的杂质，包括尘芥杂质(如植物的根、茎、叶、壳、绳头、布片、虫尸、纸屑、尘土、泥沙、瓦砾、煤渣、玻璃、各种金属等)和粮谷杂质(玉米、豆类等其他谷粒、干瘪粒、发芽粒、病斑粒等)。不去除这些杂质会影响小麦粉的质量,甚至造成安全事故,因此除杂清理环节必不可少。

混杂于小麦籽粒中的这些杂质,与小麦的物理特性(大小、比重、形态等)有很大的差别,可以选择相应的设备和方法,在不同环节中一一予以去除。常用的除杂设备有振动筛、重力分级去石机、磁选器、去石洗麦甩干机、平面回转筛、吸式比重去石机、磁选筒等。

2.润麦

润麦实际上就是指调节小麦籽粒水分,也称着水,是控制面粉质量的一个关键环节。通过适宜的润麦,使外部水分从胚部进入到胚乳和糊粉层,可降低籽粒硬度,在加工时能使表皮与胚乳完整分离,以获得完整的麸皮和面粉。

润麦过程中的水分调节按温度不同分为室温下的冷调节、45℃条件下的温调节和45℃以上的热调节,可通过着水混合机进行润麦。

3.配麦

配麦是指将不同品质的小麦按一定的比例搭配加工。配麦是制粉前的一个环节,合理适当地配麦能调整和提高出粉率和面粉质量,是等级粉生产的关键。

配麦是按灰分含量、蛋白质含量和色泽等品质性状的不同先分仓贮存,然后按比例搭配或混合。搭配一般采用下麦坑搭配、毛麦搭配、润麦仓搭配和入磨净麦搭配等。使用的配麦器有容积式和重量式两种,常见的国际品牌有奥克利姆公司生产的智能电子流量平衡器、布勒公司生产的机械式流量平衡器和定量容积式配麦器、可调容积式配麦器。

二 粉路中的主要环节

1.小麦研磨

研磨是通过研磨设备的挤压、剪切的综合作用,并在一定速比情况下将麦粒进行剥刮,从而尽可能多地刮下胚乳颗粒并保持麸皮的完整,送入心磨系统和其他系统处理成更细的面粉和其他组分。

面粉厂常用的研磨机械有盘式磨粉机、锥式磨粉机和复式磨粉机,复式磨粉机是目前制粉厂主要的研磨机械。整个研磨系统主要由皮磨、渣磨、心磨和尾磨系统组成,辅助研磨设备是松粉机。

2.筛理

筛理是把研磨后的物料混合物按颗粒大小进行分级,并筛出小麦粉。物料经过第一道磨粉机后得到的是含有麸皮、麦渣、麦心和面粉等的混合物，须筛理一次，筛出面粉，按颗粒大小分成麸皮、麦渣和麦心。面粉、麸皮、麦渣等又被送入不同的磨粉机处理，再次筛理筛出面粉。因此，在小麦制粉时，筛理是多次，每一道磨粉后都须进行筛理。

主要的筛理设备是高方平筛，辅助筛理设备有圆筛和打麸机等。可利用筛理和吸风相结合的清粉设备将麦渣、麦心和粗粉精选，分成纯粉粒、连麸粉粒和麸屑，送到不同系统处理。此外，由于多次研磨，粉路中的麸片表面会较粗糙、发黏，容重低而散落性差，流动性能差，筛理时不易自动分级，粉粒易黏附筛面，堵塞筛孔且不易有效清除，影响了后续研磨设备的效果，或使副产品麸片中含粉过多，因此，对三皮及后继皮磨平筛提取的麸片需进行处理。常用设备是具有强迫筛理作用的打麸机或刷麸机。

3.清粉

清粉是通过气流和筛理的联合作用，将研磨过程中产生的麦渣和麦心按质量分成麸屑、带皮的胚乳和纯胚乳粒，对平筛筛出的各种粒度的粗粒、粗粉按质量和粒度予以提纯和分级，经过再次研磨可以提高上等粉的出粉率和质量。

常用的清粉设备为清粉机。使用清粉机时要注意根据小麦籽粒硬度选择不同筛孔的筛网。硬麦所用的筛网可以稍密，因其胚乳硬、麦皮薄易碎，研磨后提取的大、中粗粒较多，圆形淀粉颗粒较好，流动性好易于穿孔，筛出率相对较高。软麦研磨后的面粉易呈团块状，不易流动，易堵塞筛孔，筛出率较低，所以在配备清粉机筛孔时，应选择较稀的筛网。

4.制粉

制粉包括研磨、筛理、清粉、打(刷)麸、松粉等工序。所形成的磨粉工艺流程一般有标准粉粉路、特制粉粉路和等级粉粉路。

常用的制粉方法有前路均衡出粉法、中路出粉法、流量平衡(负荷均衡)法以及其他的粉路简化方法。其中前路均衡制粉法主要用于生产中、低等级小麦粉,粉路简单,一般只设置皮磨、心磨两大系统,不使用清粉机,生产标准粉出粉率为85%左右,但面粉精度低,麸星多。中路出粉法可生产优质面粉,粉路系统设置较完善,设皮磨系统、渣磨系统、清粉系统、心磨系统,特一粉的出粉率一般可达70%~75%。流量平衡(负荷均衡)方法用于生产灰分低、粉色白的高精度面粉,其制粉方法是在中路出粉方法的基础上改进而成,粉路复杂,操作管理难度大,产粉量较低。

三 面粉后处理

相较于传统制粉，现代制粉程序不仅只有小麦清理和磨粉制粉,还增加了面粉后处理这一最后环节。具体包括小麦粉的收集、杀虫与配制、小麦粉的修饰与营养强化、小麦粉的称量与包装。

面粉的收集是指对在粉路中各道平筛筛出的小麦粉进行收集、组合与检查的工艺环节。高方筛下面筛出的不同质量的面粉进入螺旋输送机成为基本面粉,再经过检查筛、杀虫机、称重送入配粉车间,通过螺旋喂料器与批量称将不同品质的面粉按比例混合搭配,或通过微量元素添加机实现品质改良剂、营养强化剂等的添加,最后在混合机中制成不同用途、不同等级的各种面粉,即成品面粉。成品面粉可通过气力输送送往打包间的打包仓内打包或送入发送仓,向汽车、火车散装发运。

发达国家面粉厂生产的面粉多为散装,常用三层牛皮纸袋或塑料袋外罩麻袋包装。目前,我国面粉的通用包装形式为袋式包装,采用双层塑料编织袋或布袋做包装材料，一袋面粉的净重一般为22.5 kg或25 kg。小包装的材料一般采用食品塑料袋、双层纸袋或双层塑料编织袋,一袋粉的净重分别为2 kg、3 kg、5 kg、10 kg不等。

第二节　小麦粉加工品质检测技术

小麦粉的加工品质特性与面食品加工品质息息相关,因此在小麦品质育种和小麦粉加工过程中,通过小麦粉品质指标的检测,可以在一定程度上预测和评价不同小麦粉终端产品的加工适应性。目前,在各个行业使用的相关检测技术主要包括湿面筋含量的测定、粉质仪分析技术和拉伸仪分析技术。

一　湿面筋含量的测定

面筋是小麦中的蛋白质存在的一种特殊形式。小麦粉样品用氯化钠溶液揉成面团,再用氯化钠溶液洗涤并去除面团中的淀粉、糖、纤维素及可溶性蛋白质等,再去除多余水分,剩余的具有黏弹性和黏性胶状物即为面筋。洗面筋的方法主要有手工洗涤法和机器洗涤法。手洗法简单易操作且不需要特殊的仪器即可进行,因此应用较广。在我国,要求强筋小麦湿面筋含量≥30%,中强筋小麦≥28%,弱筋小麦<26%。

手洗法流程:

(1)称量待测样品 10.00 g(换算成 14%含水量),置于 100 mL 烧杯中,记录为 m_1。

(2)一边用玻璃棒搅动样品,一边用移液管一滴一滴地加入 4.6~5.2 mL 20 g/L 的氯化钠溶液。充分混合使其形成球状面团,烧杯壁、玻璃棒上应没有残余面粉和面团。

(3)将面团放在手掌中心,用容器中的氯化钠溶液以每分钟约 50 mL 的流量洗涤 8 min;同时用另一只手的拇指不停地揉搓面团。将已经形成的面筋球继续用自来水冲洗、揉捏，直至面筋中的淀粉洗净为止。加入几滴碘化钾/碘溶液。若溶液颜色无变化，表明洗涤已经完成；若溶液颜色变蓝，说明仍有淀粉，应继续进行洗涤，直至检测不出淀粉为止。

(4)将面筋球用一只手的几个手指捏住并挤压 3 次，以去除面筋球上残留的洗涤液。将面筋球放在一块洁净的挤压板上，用另一块挤压板压挤面筋，排出面筋中的游离水。每压一次后取下，并擦干挤压板，反复压挤，直到稍感面筋有粘手或粘板为止(挤压约 15 次)。

(5)取出面筋，放在预先称重的培养皿或滤纸上称重，准确至 0.01 g，湿面筋质量记录为 m_2。湿面筋含量为：$m_2/m_1 \times 100\%$。

二 粉质仪分析技术

目前使用最广泛的粉质仪是由德国布拉本德(Brabender)公司发明生产的，它是根据揉制面团时会受到阻力的原理设计的。粉质仪使用方法参考 AACC 相关标准和我国相关国家标准。测定样品量有 50 g 和 300 g 两类。通常是在 30℃恒温条件下，将定量小麦粉倒入揉面钵中；加入适量的水分后，进行一定时间的揉面。面团经过形成、稳定和弱化三个阶段，其变化特性可由仪器自动绘制的粉质曲线(图 4-2)反映出来，并由此计算出面粉吸水率、面团形成时间、面团稳定时间、面团断裂时间、公差指数、弱化度、面团弹性与膨胀性、粉质质量指数等，从而进一步评价面团品质和小麦品种品质类型。其中重要的两个指标是吸水量和面团稳定时间。在我国要求强筋小麦的面团吸水量≥60 mL/100 g，中强筋小麦的面团吸水量≥58 mL/100 g，弱筋小麦的面团吸水量<56 mL/100 g；要求强筋小麦的面团稳定时间≥8.0 min，中强筋小麦的面团稳定时间≥6.0 min，弱筋小麦的面团稳定时间<3.0 min。

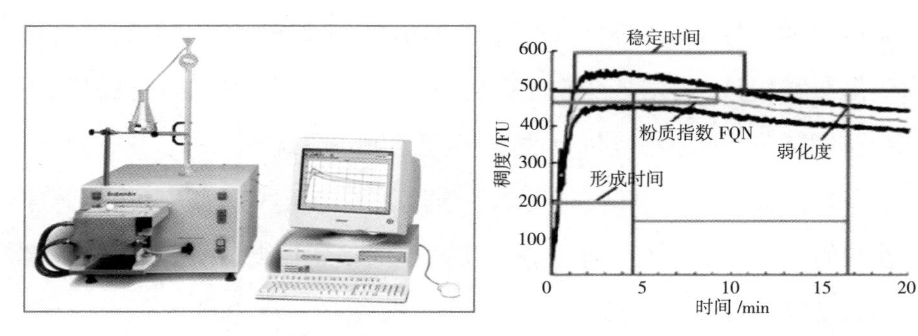

图4-2 电子型粉质仪及面粉粉质特性曲线(卞科等,2017)

粉质仪操作方法:

(1)打开电源开关,开启与之连接的计算机和控制水温装置[(30±2)℃];向滴定管中加蒸馏水至满;打开粉质仪软件程序,点击测试图表,输入测试参数。

(2)称量待测面粉样品 300 g(14%湿基)。

(3)测试:①在测试参数对话框中输入全部参数后,按"START"键启动仪器;点击参数对话框中的"开始测试"键;等测试结束后,出现"加入揉面钵 300 g 面粉" 提示; 打开揉面钵, 加入面粉, 盖好揉面钵盖;按"START"键启动仪器,点击"确定",开始测试。②预搅拌 1 min 左右(20 FU);用滴定管加入预估的水用量(注意加水应在 20 s 内完成)。如果在加水过程中加多或加少了,可以通过工具栏中的"小漏斗"图标修改加水量。③在形成滴定曲线时,达到最高峰值后 12 min 就可以停止;点击工具栏中的"STOP"键停止测试。④测试结束后,点击工具栏中的"评价结果"图标查看评价结果;记录并保存数据。

(4)测试结束后,须立即清洗揉面钵并干燥。

三 拉伸仪分析技术

德国布拉本德(Brabender)公司生产的拉伸仪是常用的面团拉伸分

析实验仪器。其使用方法参考 AACC 相关标准和我国相关国家标准。将 300 g 小麦粉与一定量的盐水在粉质仪揉面钵揉成面团；在拉伸仪中揉球、搓条后，同一块面团在恒温恒湿醒发室中静置 45 min、90 min、135 min 后分别测定三次，每次均可得到一条拉伸曲线(图 4-3)；并由此计算拉伸阻力、最大拉伸阻力、延伸性、拉伸能量(面积)、压延比等。其中拉伸阻力表明面团的强度和筋力，拉伸阻力大，表明面团筋力强；拉伸能量(面积)和拉伸比值表明面团发酵和烘焙特性，拉伸面积大，比值适中的面团，具有最佳的面团发酵和烘焙特性，适宜制作面包。面条、馒头等面制品对拉伸阻力和拉伸面积也有特定的要求。

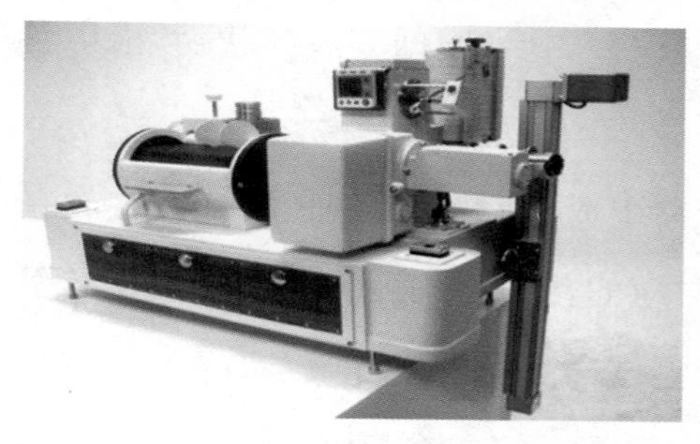

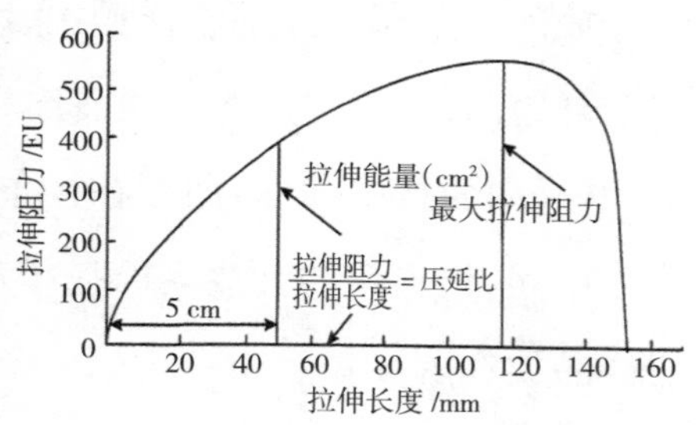

图4-3　拉伸仪及面团拉伸曲线图(卞科等，2017)

拉伸曲线图可反映面团的延伸性和韧性有关性能数据。总的来说，拉伸曲线形状扁平而长，则反映面团特性是易流动的，延伸性好；拉伸曲线形状高而窄，则反映面团特性是坚硬的，延伸性差。从拉伸曲线图中可得出面团延伸性、抗拉伸阻力、拉伸比值和拉伸能量等指标。可作为小麦品质分类的指标主要是拉伸面积和最大拉伸阻力，要求强筋小麦的最大拉伸阻力≥350 EU，中强筋小麦的最大拉伸阻力≥300 EU；强筋小麦的拉伸面积≥90 cm^2，中强筋小麦的拉伸面积≥65 cm^2。

拉伸仪操作方法：

1.样品的制备

(1)在粉质仪中制备面团：向粉质仪揉面钵中加入 300 g 面粉(14%湿

基)，盖上揉面钵盖子；将需要的加水量从粉质仪滴定管中放出，并用此水溶解 6 g 氯化钠(分析纯)；将面粉在粉质仪揉面钵中预混；1 min 后，用漏斗从揉面钵间小孔向正在混合的面粉中加入盐水；当面团形成后，从揉面钵盖子上的小槽中伸入小铲，将粘在揉面钵内壁上的面团刮下，并粘在面团上；用专用塑料盖盖上揉面钵。

(2)称量和面团成型：达到揉面时间后，关闭粉质仪；从揉面钵中取出面团；用剪刀将面团分成(150±0.5)g 的两个面团(为了防止破坏面团结构，应避免任何不必要的拉拽或切割面团。对于特别黏的面团，在天平托盘上洒少量淀粉可防止面团粘连)；在揉面团器中将面团揉成面球；再将面球放入搓条器中间的放样槽中，滚动一周后，面球变成柱状，并由搓条器前部滚出，并留在搓条器的前部。

(3)向面托中加样：面团在搓条器中成型后，立即捏住面棒两端放在面托中间，将夹钳的针放入面托相对应的孔中，使面团固定；将面托及面团样品放在醒发托盘中；将第一个测试样品及醒发托盘放在醒发室中；用秒表设定所需要的醒发时间并进行醒发。第二个面团样品重复以上步骤，放在第二个面托中。将盛 2 块面团的醒发托盘放回醒发室中。

2.面团的醒发

测试过程中，确保醒发室温度保持在 30℃。样品要测定 3 次，每次醒发 45 min，即醒发时间分别为 45 min、90 min 和 135 min。

3.面团的拉伸

到达第一次醒发时间(45 min)后，从醒发托盘面托中取出第一个面团。将第一个面团样品放在拉伸装置支架上，启动仪器开始拉伸。开始拉伸测试后，记录仪也会开始自动记录。拉伸钩以恒定速度开始向下移动，直到将面团扯断为止。当拉伸钩回到初始位置时，从拉伸平衡杠杆上取下面团支架；面团从面托上彻底取下来，放在揉圆器中揉圆；在搓条器中成型;放在面托中;夹上夹钳;放入醒发室。设定第二次醒发时间。醒发室中取出第二个面托放在拉伸位置上，进行平行拉伸试验。第二次(90 min)、第三次(135 min)醒发时间到达后,继续按以上步骤进行第二次及第三次拉伸。

4.仪器的清洁

清洗揉面钵,清洁仪器,关闭电源。

第三节 小麦面制食品加工技术

面制食品的制作主要是借助小麦面粉中面筋蛋白的特有性质进行的,如面团良好的黏弹性、延伸性和持气性是制作面包的基础。在面粉加工品质检测的基础上,可依据不同的品质特性将面粉加工成不同的面制食品。如优质强筋小麦可以加工成面包,优质弱筋小麦可以加工成蛋糕、饼干等糕点制品,优质中强筋和中筋小麦可以加工成面条、馒头、饺子等面食品。

一 面条加工技术

我国面条至今已有 2 000 多年的历史,深受广大人民的喜爱,尤其在北方很多地区大多以面条为主食。面条的种类繁多,可通过擀、抻、揪、切、削、压等不同加工形式制成切面、拉面、烩面、刀削面、板面、龙须面、空心面、面饼、担担面以及机械化生产的挂面和方便面等。面条还可分为湿面、干面和方便面。在实验室常用制作鲜湿面条的方法评价中筋粉及面条品质,生产上规模化和工业化生产的主要是挂面与方便面。

1.鲜湿面条的加工技术

(1)加工原理。鲜湿面条的制作分为和面、熟化、压片、切条等工序。通过和面使得原本无黏性、无可塑性、无弹性的面粉在加入一定水后形成具有一定黏弹性、延伸性和可塑性的面团。面团经过一定时间的静置以达到熟化状态,这一过程促使面团形成面筋网络组织且结构稳定不易变形,同时促进面团中淀粉和蛋白间水分的均质化。通过先大后小的多道辊轧压片,进一步促进面筋网络组织细密化和相互粘连,形成水分分布均匀、具有一定韧性和强度的面片,为切条成型做准备。

(2)加工方法。参照 LS/T 3109—2017 标准方法进行。

称样:称取 100 g 小麦粉,将样品倒入搅拌机和面钵中,加入 43 mL 的蒸馏水(30℃),每 100 g 小麦粉加水量可按粉质吸水率的 46%~48% 计算。

搅拌:启动搅拌机,先搅拌 1 min,清理粘于和面钵壁和底上的面,然后再搅拌 2 min,直至面粉呈均匀的颗粒(大小如小米粒),且手感湿润。

压片与醒面:用实验室专用面条机将和好的坯料以压辊间距 3.0 mm 压片,将压片对折,压延 1 次,重复此对折和压延动作 2 次,再单片压延 1 次,置于食用自封袋中,于实验室条件下放置 30 min。

压延与切面:调节面条机压辊间距为 2~5 mm,压延 1 次;调节压辊间距为 2.0 mm,压延 1 次;调节压辊间距为 1.5 mm,压延 1 次;然后用电子游标卡尺测试面片厚度,根据此厚度大小,将压辊间距调节为 1.25 mm±0.03 mm,压延,将面片切成 2.0 mm 宽的面条。再将面条切成 200 mm 长的湿面条,装于食用自封袋备用。

煮面:称取 100 g 制备好的面条样品,放入盛有 1 000 mL 沸水的蒸锅中,在电磁炉上以 1 600 W 的功率煮 6 min,立即将面条捞出,放于盛有 500 mL 的冰水中约 30 s, 然后捞出面条至盛有冰块的样品盘中待品尝进行面条品质感官评价。感官评分依据细则(表4-1)进行打分。根据评分小组的综合评分结果计算平均值，个别品评误差超过平均值10分以上的数据应舍弃,舍弃后重新计算平均值。最后以综合评分的平均值作为小麦粉面条品质评价试验结果,计算结果取整数。

表4-1 鲜湿面条品质感官评分细则

项目	评分标准	满分
坚实度	软硬适中:8～10分;稍软或稍硬:7分;很软或很硬:4～6分	10分
弹性	好:21～25分;一般:16～20分;差:10～15分	25分
光滑性	光滑爽口:17～20分;较光滑:13～16分;不爽口:9～12分	20分
食味	麦香味:5分;无异味:4分;异味:2～3分	5分
表面状态	光滑、有明显透明质感:8～10分;较光滑、透明质感不明显:7分;粗糙、明显膨胀:4～6分	10分
色泽	亮白或亮黄:26～30分;亮度一般或稍暗:20～25分;灰暗:14～19分	30分
总分		100分

2.挂面加工技术

挂面是以小麦粉添加盐、碱、水经悬挂干燥后切制成一定长度的干面条。我国挂面历史悠久,元代就已经有挂面问世。过去制作挂面都是手工操作、太阳晒干,而现在多用机械制作、温热风烘干。

挂面属生干面制品,主要品种有普通挂面、花色挂面、手工挂面等。按辅料的不同又分为鸡蛋挂面、西红柿挂面、菠菜挂面、胡萝卜挂面、海带挂面和赖氨酸挂面等。加入适量食盐和食碱的挂面耐煮,煮后不浑汤,吃时爽口。挂面因口感好、食用方便、价格低、易于贮存等特点,一直是人们喜爱的主要面食之一。

(1)加工原理。挂面制作的原理为面筋形成原理和面团的流变学特性、拉伸特性等。

挂面制作的基本过程包括和面、熟化、压片、切条、烘干等工序。其中烘干是挂面制作的最后一道工序，通过烘干，使湿面条中的水分向外迁移并被烘干介质（气流）带走，从而使面条缓慢脱水到符合标准的水分含量，同时形成固定的形态。

我国生产的挂面中常加入一定量的食盐、碱（碳酸钠或碳酸钾）、改良剂和营养强化剂。适量的盐和碱可以提高面筋黏弹性；改良剂和营养强化剂可以改善挂面的品质，提高其营养价值。

（2）加工方法。称样：称取 300 g 面粉（14% 湿基），加入适量（供试小麦粉吸水率的 44%，视小麦粉含水量略加调整）的温水（30℃左右）。注意：做白盐面条时，应将 3~6 g 精盐预先溶于温水中；做黄碱面条时，应将 0.45~0.6 g 食用碱预先溶于温水中。

和面：用和面机慢速搅拌 5 min；再用中速搅拌 2 min；和好的坯料应是没有白色干面粉残存且颗粒呈松散状；在室温下静置 20 min。（应有防失水措施，如用保鲜膜包裹；或将面团放入盆中，并加盖盆盖。）

压片：用实验室专用面条机将和好的坯料在压辊间距 4 mm 处压片、对折、再对折，重复以上动作，直至压成均匀、光滑的面片。接着把压辊轧距调至 3.5 mm；从 3.5 mm 开始，将面片逐渐压薄至 1 mm，共轧片 6 道；最后在 1.0 mm 处压片并切成 2.0 mm 宽的细长面条束。

烘干：将切出的面条挂在圆木棍上；记录上架根数；放入恒温恒湿箱内（温度 40℃，相对湿度 75%），干燥 10 h；到时间之后，打开箱门取出；再在室温下继续干燥 10 h；取下面条束，记录圆木棍上的面条根数，计算断条率（断条率=断条根数/上架面条根数×100%）；将干面条切成长 220 mm 的成品备用。

评价：量取 500 mL 自来水于铝锅中（直径 20 cm），在 2 000 W 电炉上煮沸；称取 50 g 干面条样品（样品要提前编号）放入锅中，煮至面条芯的白色生粉消失，立即将面条捞出，以流动的自来水冲淋约 10 s，分放在碗中待品尝;并根据表4–2的挂面品质感官评分细则进行评分。

根据评分小组的综合评分结果计算平均值。个别品评误差超过平均值10分以上的数据应舍弃,舍弃后重新计算平均值。最后以综合评分的平均值作为小麦粉面条品质评价结果,计算结果取整数。

表4-2 挂面品质感官评分细则

项目	评分标准	满分
色泽	色泽是指面条的颜色和亮度。面条白、乳白、奶黄色,光亮为8.5～10分;亮度一般为6～8.4分;颜色发暗发灰,亮度差为1～6分	10分
外观形状	外观形状是指面条表面光滑与膨胀程度。表面结构细密、光滑为8.5～10分;中等为6～8.4分;表面粗糙、膨胀、变形严重为1～6分	10分
适口性(软硬)	适口性是指用牙咬断一根面条所需力量。软硬适中为17～20分;稍偏硬或软为12～17分;太硬或太软为1～12分	20分
韧性	韧性是指在咀嚼面条时,咬劲和弹性的大小。有咬劲、富有弹性为21～25分;一般为15～21分;咬劲差、弹性不足为1～15分	25分
黏性	黏性是指在咀嚼过程中,面条粘牙程度。咀嚼时爽口、不粘牙为21～25分;较爽口、稍粘牙为15～21分;不爽口、粘牙为10～15分	25分
光滑性	光滑性是指在品尝面条时口感的光滑程度。光滑为4.3～5分;中间为3～4.3分;光滑程度差为1～3分	5分
食味	食味是指品尝时的味道。具麦清香味为4.3～5分;基本无味为3～4.3分;有异味为1～3分	5分

3.方便面加工技术

方便面是以小麦粉、水、食盐和食用碱为主要原料,经和面、醒发、压延切条、蒸制和油炸等工序加工而成的一种方便速食面条。凭借其食用方便、烹调简单等优势而受到消费者的喜爱。传统方便面需经过高温油炸,含油量较高(22%左右),加上油炸过程可能残留的丙烯酰胺,长期食用不利于身体健康。随着消费者对健康要求的提高,生产厂家改进加工工艺,发展非油炸技术等方法来改善方便面的质量和品质。如非油炸方便面是在传统油炸方便面基础上，采用微膨化与热风干燥工艺替代油炸工艺加工而成,既具有传统方便面的特点,脂肪含量又比较低。

方便面中根本无须添加防腐剂。无论是油炸方便面的高温油炸,还是非油炸方便面的热风干燥,都消灭了绝大多数微生物,且其水分含量在4%~6%,无法满足霉菌的生长。方便面的调料包经过高温灭菌、紫外线杀菌等灭菌措施,密封保存,在保质期内不会变质。

方便面调料包中的脱水蔬菜基本保存了原有蔬菜的营养，但量太少,不能满足人体所需。在食用方便面时,应该注意膳食平衡,多搭配些维生素含量丰富的蔬菜和水果。

(1)加工原理。方便面制作的原理同挂面制作原理。

方便面的加工制作过程包括和面、熟化、压片、切条与折花、蒸面、切断与折叠、油炸或热风干燥、冷却与包装等。与制作挂面相比,在方便面制作过程中,经切条的面条不进行烘干,而是马上进行汽蒸、油炸或热风干燥。汽蒸的目的是将已经切条成型的面条在高湿高温下进行蛋白质变性,淀粉高度糊化,面条由生变熟。油炸或热风干燥的目的是通过迅速脱水干燥以获得易保存、易复水食用的方便面食品特性。

由于加工工艺的需要,方便面制作时常添加能改善面团性能的添加剂,如磷酸盐、乳化剂、增稠剂和防止油脂氧化变质的抗氧化剂等。磷酸盐主要是提高面条的复水性,并使复水后的面条具有良好的咀嚼感。乳化剂可有效延缓面条的老化。增稠剂可改善面条的口感,降低面条的吸油量。

(2)加工方法。和面、熟化和压片:制作过程同挂面。

切条与折花:切面时的面片厚度为0.7 mm,50~60 g为一份样品。

蒸面:100℃,常压蒸面2~3 min。

冷却:取出面条,冷却后用手做成面饼。如在切条步骤是利用波纹机切条,此步骤仅需冷却即可。

油炸:110~120℃棕榈油油炸 2 min;140~150℃棕榈油再炸 1 min。

冷却:用吸水纸包裹面饼,自然冷却至室温。用塑料袋密封,在干燥处室温放置 7 天后供品质鉴定分析。

评价:对样品进行编号。用量杯量取约面饼质量 5 倍(保证加水量完全浸没面饼)以上体积的沸水(纯净水)注入评价容器中,加盖盖严(对于泡面面饼);或者用量杯量取质量约面饼质量 5 倍(保证加水量完全浸没面饼)以上的纯净水,注入锅中;加热煮沸后,将待评价面饼放入锅中进行煮制(对于煮面的面饼);用秒表开始计时,达到该种方便面标识的冲泡或煮制时间后(如泡面一般 4 min),取出适量的面条;由评价员参照 GB/T 25005—2010 的评分细则(表 4–3)评分。主要通过口腔触觉和味觉感官评价方便面的复水性、光滑性、软硬度、韧性、耐泡性等。

表 4 - 3　方便面品质感官评分细则

感官特性	评价标度		
	低 1～3 分	中 4～6 分	高 7～9 分
色泽	有焦、生现象,亮度差	颜色不均匀,亮度一般	颜色标准、均匀、光亮
表观状态	起泡分层严重	有起泡或分层	表面结构细密、光滑
复水性	复水差	复水一般	复水好
光滑性	很不光滑	不光滑	适度光滑
软硬度	太软或太硬	较软或较硬	适中无硬芯
韧性	咬劲差、弹性不足	咬劲和弹性一般	咬劲合适,弹性适中
黏性	不爽口、发黏或夹生	较爽口、稍粘牙或稍夹生	咀嚼爽口、不粘牙、无夹生
耐泡性	不耐泡	耐泡性较差	耐泡性适中

二 馒头加工技术

馒头是我国最主要的面食品，由于其具有松软又有一定咀嚼性的口感、色白光滑的外表性状、微甜及带有特殊发酵香味风味、营养丰富且易消化等特征而成为我国南北方民众的主食之一。馒头的分类较多，常见的可分为硬质馒头和软质馒头。硬质馒头是我国北方地区的日常主食，其馒头专用粉筋力较高，但和面加水量较少且不加脂类等风味物质，馒头筋道有咬劲。软质馒头，也可称为南方馒头，其馒头专用粉筋力弱，和面时除了加水也会加入一定量的风味物质，如起酥油、糖等，软质馒头较松软、甜味突出。

1.加工原理

小麦粉经和面、发酵、成型、醒发、汽蒸等工序制成馒头。和面既可提高面团质量均一性，也可加速面粉吸水以促进面筋网络的形成，提高面团弹性和韧性等加工性能。面团发酵(醒发)是一个复杂的微生物学和生物化学过程，一方面将面粉中糖分解为乙醇和CO_2，与其他生化作用形成的有机物质构成面团的特殊芳香气味；另一方面酵母产生的CO_2填充在面筋网络中并不断膨大，扩大了面筋延伸性，有利于馒头膨松体积的保持。在蒸制过程中，由于温度的升高和变化，对馒头中水分分配、体积、pH、蛋白质变性和水解、淀粉的糊化特性都发生了变化，从而形成不同结构和风味的馒头。

2.加工方法

配料和称样：配制4%酵母悬浮液，注意使用之前一定要搅拌均匀。称取100 g面粉加入和面钵中，加入25 mL 4%酵母悬浮液以及补加水量(加水量=100 × 面粉吸水率% × 80%)。

和面：启动和面钵和面2.5 min，形成较光滑的面团，并将面团放入醒发箱内[箱内温度(32±1)℃,湿度为85%]60 min后取出。

压片和成型发酵后的面团在压片机上由厚至薄依次压片10次(每次压片后将面片对折后再压),再放案板上用手揉10~20次,搓成高度为6 cm馒头坯,再醒发15 min。

蒸制:将醒发后的馒头坯放入已沸腾的不锈钢锅屉中,在电磁炉上以1 000 W的火力蒸25 min(从蒸锅开始冒汽计时)后关火,3 min后揭盖,取出馒头并盖上纱布冷却40~60 min,开始测量和评价(或出锅后,室温下冷却15 min,开始测量和评价)。

对于每份馒头样品,先用锯齿刀切开馒头成两半,观察其表面色泽、表面结构、内部结构,放入嘴里咀嚼,评定其食味、韧性和黏性。依据LS/T 3109—2017标准(表4–4),进行馒头的表面色泽、表面结构、内部结构、食味和弹性、韧性和黏性评分,并与比容得分值相加,作为样品的感官评分值。

表4－4 馒头品质感官评分细则

项目	评分标准	满分
比容/(mL/g)	比容大于或等于2.8得满分25分;比容小于或等于1.8得最低分5分;比容在2.8～1.8,每下降0.1扣2分	25分
弹性	手指按压回弹性好:8～10分;手指按压回弹弱:6～7分;手指按压不回弹或按压困难:4～5分	10分
表面色泽	光泽性好:8～10分;表面稍暗:6～7分;表面灰暗:4～5分	10分
表面结构	表面光滑:8～10分;皱缩、塌陷、有气泡或烫斑:4～7分	10分
内部结构	气孔细腻均匀:18～20分;气孔细腻基本均匀,有个别气泡:13～17分(边缘与表皮有分离现象,扣1分);气孔基本均匀,但有下列情况之一的:过于细密,有稍多气泡,气孔均匀但结构稍显粗糙:10～12分;气孔不均匀或结构很粗糙:5～9分	20分
韧性	咬劲强:8～10分;咬劲一般:6～7分;咬劲差,切时掉渣或咀嚼干硬:4～5分	10分
黏性	爽口,不粘牙:8～10分;稍黏:6～7分;咀嚼不爽口,很黏:4～5分	10分
食味	正常小麦固有的香味:5分;滋味平淡:4分;有异味:2～3分	5分
总分		100分

三 糕点类加工技术

糕点制品可以分为两类:化学发面制品如曲奇和蛋糕,酵母发酵制品如各种发酵饼干。一般用曲奇和海绵蛋糕对软麦的糕点加工品质进行评价。这两类制品都富含糖和油脂,通常用碳酸氢铵和发酵粉(碳酸氢钠和磷酸盐的混合物)作为发面剂,这些物质在烘烤时可以提供二氧化碳气体。这类产品的品质指标是酥脆或松软。

1.加工原理

蛋糕加工的主要原理是利用蛋白起泡性能,通过机械搅拌使蛋液中充入大量的空气,加入小麦粉、配料调制成面糊,经烘烤制成海绵蛋糕,并在规定条件下进行品质评价。

2.加工方法

配料和称量:分别称取 100 g 小麦粉(14%湿基)、130 g 鲜鸡蛋和 110 g 绵白糖备用。

蛋糊的制备:将称量好的蛋液和绵白糖放入打蛋机搅拌缸中,以慢速(60 r/min)搅打 1 min 充分混匀,再以快速(200 r/min)搅打 19 min。

面糊的制备:将称量的小麦粉过筛,均匀倒入蛋糊中,慢速(60 r/min)搅拌 90 s 停机,取下搅拌缸以自流淌出方式将面糊分别倒入蛋糕模具中。

烘烤:把装入面糊的模具立即入炉烘烤。设定炉温为 190℃,烘烤时间为 18~20 min。

品质评分:烘烤结束后,立即将蛋糕从烤箱中取出,在木板上用力震一下,放在蛋糕铁架上脱模并在室温下冷却进行品尝和评价。注意:如果当天不能测定体积和重量,须放在储藏柜中储藏。移除侧边蛋糕纸,称量并测定体积,接着用锯齿刀将蛋糕切成两半,以对照组蛋糕为基准,观察实验样品的表面状况、内部结构。放入嘴里咀嚼，获取弹柔性和口感，并依据评分细则(表 4–5)进行感官评价，并与比容得分值相加，作为样品的最终感官评分值。

表 4－5　蛋糕品质感官评分细则

项目	评分标准	满分
比容/(mL/g)	比容 4.8 得满分 30 分；比容每下降或上升 0.1 扣 1 分	30 分
表面状况	表面光滑无斑点、环纹且上部有较大弧度：8～10 分；表面略有气泡、环纹、稍有收缩变形且上部有一定弧度：5～7 分；表面有深度环纹、收缩变形且凹陷，上部弧度较小：2～4 分	10 分
内部结构	亮黄或淡黄、有光泽，气孔较均匀、光滑细腻：23～30 分；黄、淡黄色，无光泽，气孔较大稍粗糙、不均匀、无坚实部分：16～22 分；暗黄，气孔较大且粗糙、底部气孔紧密、有少量坚实部分：8～15 分	30 分
弹柔性	柔软有弹性，按下去后复原很快：8～10 分；柔软较有弹性，按下去后复原较快：5～7 分；柔软性、弹性差，按下去后难复原：2～4 分	10 分
口感	味醇正、绵软、细腻稍有潮湿感：16～20 分；绵软略有坚韧感、稍干：12～15 分；松散发干、坚韧、粗糙或较粘牙：6～11 分	20 分
总　　分		100 分

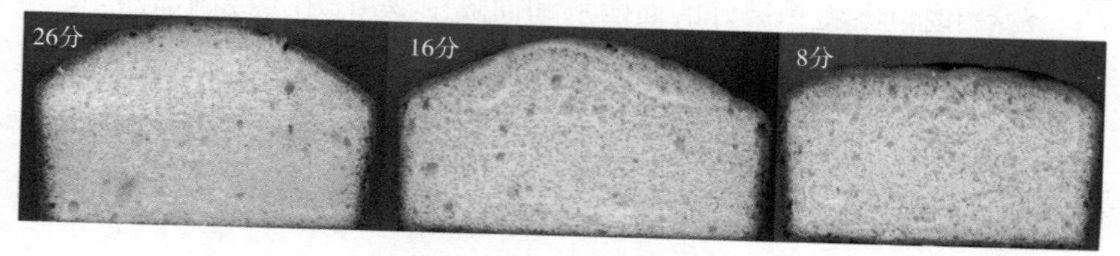

附：蛋糕内部结构评分参考图

四　面包加工技术

优质强筋小麦适合制作成面包。目前，面包加工技术国家标准有直接发酵法、中种发酵法和快速发酵法(无发酵)三种，其中快速发酵法因时间短，效益高而在企业应用较多。中种发酵法会缩小筋力较差的小麦与优质的面包小麦之间的烘焙品质的差异而不利于优质专用面包小麦品种的评价。直接发酵法适合于筛选优质专用面包小麦品种。

1.加工原理

面包是发酵烘焙食品，因此制作面包过程中发酵和烘焙是两个重要的环节。通过充分分散和均匀混合所有材料，加速了面粉的吸水和胀润，从而促进以麦谷蛋白和麦醇蛋白为主的面筋网络的形成。随着发酵的进行，面筋网络中填充了发酵过程中产生的大量 CO_2 气泡，从而形成了结构疏松、多孔海绵状的面包体。面包的熟化方式是烘焙，这一过程产生了美拉德反应，其反应的黄褐色产物赋予面包特有的色泽和风味。

2.加工方法

配料和称量：分别称取面粉（14%湿基）100.0 g，即发干酵母 1.60 g，盐 1.5 g，糖 6.0 g，脱脂奶粉 4.0 g，起酥油 3.0 g，水 60.0 g，麦芽粉适量，放在发酵体中拌匀。

和面：加入水，开动和面机，先低速和面约 20 s，然后用高速和面，使面团达到面筋充分扩展状态。

发酵和揉压：将扩展好的面团从和面缸中取出，用手捏圆面团，置于温度为(30±1)℃、相对湿度 85%的发酵箱发酵。当面团发酵进行到 55 min 和 80 min 时，分别从发酵箱中取出面团，将面团轻轻地揉光滑并拉长，调整压面机轧距为 0.6 cm，将面团压成长片，再将长片折成三层或对折两次，折缝向下放入发酵钵，重新送回发酵箱。发酵总时长为 90 min。

成型：将面团轻轻揉光并适当拉长，用压面机将面团压两次，压成长片，第一次轧距为 0.7 cm，第二次轧距为 0.5 cm，用手将面片从小端开始卷起，卷片时应尽量压实以排出气体，然后将面团轻轻滚压数次，使其与面包听的大小相一致，将面团接缝向下，放在稍涂有油的面包听之中。

醒发：面团成型装听后，送入发酵箱进行醒发，发酵箱温度为

(30±1)℃,相对湿度为 85%~90%,醒发时间为 45 min。

烘烤：面团醒发到 45 min，立即入炉烘烤，烘烤温度一般为 210~230℃,烘烤时间一般为 15~25 min。

评价:面包出炉后,在 10 min 内测定面包体积,称量重量,分别以 mL 和 g 为单位表示。优质强筋面包小麦的面包体积应大于 860 mL。

第四节　小麦其他加工利用

小麦籽粒全身都是宝,除了作为面粉进行加工外,还有其他的深加工和精深加工用途,涉及酿造、医药、化工、饲料等行业。全籽粒小麦可以作为膨化食品,小麦麸皮、胚、次粉中还可提取淀粉、面筋、蛋白等进行精深加工。

1.小麦胚制品

麦胚是小麦结构中最有营养价值的部分，不但含有高达 30%的蛋白质、10%脂肪等,而且还含有人体必需的维生素和微量元素,如维生素 E 含量为每 100 g 油 200~500 mg,高出其他植物油 1~9 倍。因此,小麦胚芽被国内外营养学家们一致誉为“人类天然的营养宝库”。

我国每年可用于开发的小麦胚达 300 万吨,按胚中油脂和蛋白质的含量计算，每年可提取 30 多万吨小麦胚芽油和 90 万吨以上的优质蛋白,是一个巨大的食用油脂和蛋白资源。前述加工过的胚芽还可再进行精深加工,可从提取的蛋白质进一步分离出球蛋白、谷胱甘肽类等功能性食品配料,大大提高了小麦的附加值。

2.小麦麸皮制品

小麦麸皮含有 40%的膳食纤维，因此可作为膳食纤维产品的主要原料。目前,国内制备小麦麸皮膳食纤维的技术还比较简单,科技含量低,适口性差、色泽暗淡、理化特性差等产品缺点限制了其发展和推广应用。小麦麸皮中含有 20 % 左右的戊聚糖,可从麸皮中提取制备戊聚糖,制成面包添加剂、增稠剂和保湿剂等,应用于饮料、调味制品、乳制品、糖果等食品中。 麸皮在食品中可以代替大豆制作酱油,还可做饴糖、醋和酒。麸皮还可提取维生素 E,做木糖醇,用于食品、医药、涂料、化妆品、塑料等领域。当麸皮制品用于食品中时,对其卫生、安全指标有了更多更高的要求。

3.小麦淀粉制品

小麦淀粉可用于生产变性淀粉,如氧化淀粉、交联淀粉、取代淀粉、交联 /取代淀粉等产品,可以派生出果葡糖、葡萄糖、维生素 C 等,还可做味精、柠檬酸、酵母、赖氨酸等发酵原料以及水解转化为淀粉糖等,为医药、糖果、食品生产提供优质原料。当前,小麦淀粉的各种生产工艺从水洗工艺到离心分离工艺,都在不断完善和改进中,小麦淀粉工业发展前景较好。

4.小麦白蛋白制品

小麦白蛋白指在生产小麦淀粉过程中溶解在水中的白蛋白,近几年作为卵白蛋白的优质替代产品而得到重视,与卵白蛋白相比性价比高。该产品的生产过程是:将制面筋和淀粉时产生的水溶性蛋白加以浓缩、洗净、干燥而成。该产品乳化力强,保水性佳,能在较高温度下胶体化,并可完全水溶,可作为营养强化饮料,用于做肉丸、咸水火腿、红肠、汉堡包等食品及高温油炸鱼制品等的配制。

5.膨化小麦

膨化小麦是国外流行的早餐食品和小食品,可单独食用或与牛奶冲饮,也可作为休闲食品。这类产品是将完整籽粒小麦经清洗后放入密闭压力容器内加热加压，利用压力容器骤然开启产生的压缩蒸汽使小麦粒体积急骤膨胀而成，也可采用螺旋挤压机及各种模具加工出各种形状的膨化颗粒。

第五章 优质专用小麦产业化服务体系

第一节　小麦产业化服务组织

一　优质专用小麦产业化的组织原则

优质专用小麦产业化的组织原则是：市场引导、政府推动、部门服务、流通改制、加工配套。

1.市场引导

根据市场的需求，发展适销对路、效益较高的优质专用小麦，压缩效益低下的普通小麦种植。目前，市场对优质专用小麦的需求缺口很大，其中很大一部分需通过进口来实现总量的平衡，市场潜力巨大。

在世界谷物生产中，小麦总面积、总产量和贸易量为 2.27×10^8 hm^2、5.7×10^8 t 和 1×10^8 t 左右，分别占世界谷物总量的 32%、30%和 50%。我国小麦总面积、总产量和进口量分别为 2.7×10^7 hm^2、1×10^8 t 和 1×10^7 t 左右，分别占世界总量的 12%、18%和 10%左右，均居世界第一位。根据全国《优质专用小麦优势区域发展规划》，目前，我国优质强筋、弱筋小麦产需缺口分别达 1×10^7 t 和 5×10^6 t；从远期看，强筋小麦缺口还会增加。按目前的单产水平和较高的商品率估算，发展 4.67×10^6 hm^2 优质强筋、弱筋小麦，才能满足国内需求。随着经济发展和人口增加，世界小麦需求呈现增长趋势。近几年,世界小麦总需求达到 6×10^8 t 左右。据 FAO 中长期预测,到 2030 年,全球小麦总产要达到 8.58×10^8 t,才能满足总量需求。

2.政府推动

在布局上进行规划和调整,构建优势产业带,提高专用化、规模化水平。农业发达国家的组织化程度主要依靠各种农民专业合作经济组织和龙头企业,而目前我国的农民专业合作经济组织还不健全,我国的国情也决定了推进优质专用小麦的发展还必须有政府参与调整。

全国《优质专用小麦优势区域发展规划》确立我国优质专用小麦发展的指导思想是:以市场为导向,以发展优质强筋小麦和弱筋小麦为重点,带动中筋小麦发展,加快构建优质专用小麦区域化种植、标准化生产、产业化经营的产业带,全面提升国产小麦质量水平和市场竞争力,促进农业结构调整,实现农业增产农民增收。同时,实现国产优质专用小麦向东亚国家或地区出口。优质专用小麦的区域发展目标是:黄淮海优质专用小麦产业带发展优质强筋小麦 2.93×10^6 hm^2,长江中下游优质专用小麦产业带发展优质弱筋小麦 1.33×10^6 hm^2,大兴安岭沿麓优质专用小麦产业带发展优质强筋春小麦 4×10^5 hm^2。

3.部门服务

优质专用小麦的产业化生产涉及诸多部门,只有各方通力协作,搞好服务,才能形成产业化的氛围。

产前:农资部门要搞好农用物资的供应,特别是组织优质无公害的化肥、农药;农机部门要保证种、管、收机械的准备和调试;种子部门要组织优质专用小麦品种的良种供应;农业行政主管部门要搞好规划,搜集有关小麦市场信息,并由新闻媒体宣传到农户;农技部门要组织培训,把优质专用小麦的标准化生产技术送到千家万户。

产中:主要由农技推广服务部门和有关中介机构形成网络,层层级级把优质专用小麦的生产技术落实到千家万户，落实到田头。包括耕作制度安排、播种技术、肥水运筹、病虫草害防除、灾害防御等。

产后：这是目前产业化链条中最薄弱，也是最关键的环节，所涉及的部门大多是不承担社会公益性职能的经济单位。但在优质专用小麦的产业化生产中，也必须使产后有关部门能够跟上发展形势和需要，才能对产前、产中起到拉动作用。例如，粮食部门要主动与农业部门合作，了解和掌握本地区的优质专用小麦类型与产销情况，并组织本地的企业开发与本地小麦类型相符合的专用粉或食品；企业管理部门要针对地区小麦资源和国内外市场，生产出低成本、有市场竞争力的产品。

4.流通改制

要进行粮食流通体制改革，放活粮食流通市场。优质小麦的流通作为生产和加工的中间环节，在整个产业中起着非常重要的作用。它把广大农民和市场紧紧地联系在一起，不仅保证了农民生产的优质小麦能够顺利地销售出去，也为国家有效地进行粮食市场宏观调控创造了有利的条件。从农民的角度来看，所谓的优质小麦市场其实就是一些收购主体，他们才是优质小麦最直接最主要的消费者。目前在市场经济条件下，小麦的收购主体除了国有粮食部门以外，还包括诸如食品加工企业、面粉加工商、小麦供应商等非国有的收购企业。他们完全从市场出发，根据市场价格，采取上门收购的形式来实现优质小麦的加工和贸易。

这种多元化的收购主体，奠定了我国优质小麦的流通基本框架。但是要想真正保证流通的顺畅，提高优质小麦的产业化水平，就要通过中介组织实现订单农业。其好处：一是把市场的要求传递给生产者；二是解决了农民生产出来销售不掉的后顾之忧；三是农民可以获得一个稳定的预期收益；四是为企业节省了成本，有利于提高产品的市场竞争力。

此外，搞活流通就必须完善小麦市场体系。不仅要有小麦现货批发市场，也要有小麦的期货市场，它可以起到套息保值的作用，一方面减少了流通的成本，提高了市场竞争力；另一方面也可以发现未来一段时间小麦的价格走势。如果未来小麦期货市场很完善的话，农民掌握一定的期货知识，就可以看小麦价格的走势来决定什么时候卖小麦，是过几个月或者半年后再卖，而不是像以往都在小麦收获后立即出售。完善小麦市场体系也应该加强信息的疏导和传递，保证农民和企业获得真正有价值的信息，从而提高我国优质小麦市场化程度。

5.加工配套

要延长优质专用小麦产业链，努力使小麦加工从以面粉为主向食品延伸，提高优质专用小麦附加值。

农民的市场在企业，企业的市场在消费者。消费者认可了企业的产品，那么企业有了效益，农民就增加了收入。优质小麦产业化经营要延伸产业链，就必须搞好我国小麦的加工，把原料小麦的种植和面粉以及食品加工环节联系起来，让农民和企业从中都受益。我国以小麦为原料的面食品加工业也进入快速发展阶段。目前，全国各类面粉厂4万多家，引进面粉生产线200多条，主要分散在广东、山东、江苏、河南等地，面粉年总加工能力高达 1.7×10^8 t。全国方便面生产线1 800多条，年产量多达 3.6×10^6 t；挂面生产企业2 500多家，年产能力达到 4.1×10^6 t；饼干、糕点的年产量分别达到 1.53×10^6 t和 1.44×10^6 t；饺子、包子、馒头等传统食品工业加工增长，对优质专用小麦的需求量与日俱增。正是由于这些加工企业的存在，不仅提高了我国优质专用小麦的附加值和食品质量，同时也带动了广大农民致富。

在各种谷物中，小麦是世界上加工技术最发达、加工食品种类最多、加工范围和层次最广、最赋予食品加工性能和加工潜力的粮食作物，小麦加工符合时代潮流，是实现加工增值、延长产业链、做大产业规模、提高产业化水平的重要途径。在西方发达国家,普通家庭已经很少直接购买和消费小麦面粉，食品加工企业的面粉消费一般占面粉总消费量的90%以上,从各种面条到各种面包,从各种饼干到各种糕点,从各种汉堡包到各种馅饼等,小麦食品丰富多彩,应有尽有。在我国,方便面已经进入普通百姓家庭,各种饼干、面包、小麦食品企业也得到快速发展,各种水饺、面条、馒头等成品、半成品加工方兴未艾。随着社会发展、技术进步、生活节奏加快,工薪层和普通劳动者对小麦食品更加依赖,成为今后食品消费的潮流。

二 优质专用小麦产业化服务体系的内容

1.科技资源信息服务体系

主要包括自然资源、生产资料、数据库、资源共享和其他内容。

小麦生产资料主要包括农药、化肥、复合肥、有机肥、农膜等。通过产业化服务体系,可以帮助农民科学合理地、有计划地购买和使用有关小麦生产资料。

科技资源信息数据建设是小麦产业技术服务体系的主要内容,也是开展专业性服务的支撑。数据资源采取购置国内数据服务商提供的科技文献、专利、科技成果和国家与行业标准以及行业检测介绍。通过整合小麦行业内专业数据库并根据需求定向开发，使数据资源更贴近需求,更好地服务小麦行业科技工作者。

数据库建设涉及粮食宏观调控的粮食生产、收购、贮藏、流通各个环节的数据资源(包括空间数据、粮食产量数据、物流统计数据、社会经济历史数据等)和技术资源,需要国家粮食宏观调控各级管理部门、事业单位、企业和物流节点的全力配合和资源共享。可以获取涉及粮食安全的各个环节的多源数据,全方位描述粮食从生产到消费整个过程,所获取到的信息集中管理,并可以提供给相关部门使用,实现国家粮食和物资储备局、地方粮食部门、中央有关部门、粮食企业之间安全可靠的信息交换、资源共享。粮食信息的共享将有利于提高工作效率,提高管理水平,降低生产成本。

其他内容还包括小麦种质资源、病虫害防治、利用卫星遥感对小麦估产、小麦防灾减灾避害技术、仓储技术介绍等相关期刊文献、图书、国内外科技动态等。

2.种植技术服务体系

种植技术服务体系主要包括小麦品种选育、生产计划、规范化播种技术、麦田栽培管理与水肥管理调控、避害减灾与病虫害防治措施、适时收获等信息的采集与管理。

3.工程技术服务体系

工程技术服务体系主要包括小麦产后减损、贮藏工艺技术、小麦贮藏设施设计、有害微生物与昆虫防治、小麦加工工程设计、小麦精深加工技术、食用品质安全、行业检测等的科学数据、试验验证、科技评估、成果推广与技术开发等服务体系的设计、信息采集与管理等。

4.市场信息与物流服务体系

市场信息与物流服务体系主要包括小麦市场供需、价格、物流、产品、质量等服务体系的设计、信息采集与管理。该服务体系配合信息服务平台,通过互联网的新闻信息、价格信息、供求信息、小麦期货、交易信息、会展信息等栏目,提供更专业、更有针对性的服务。在此服务之上,通过与传统贸易方式的接轨进行网上粮食电子商务模式的借鉴,通过信息技术、信息流、信息传输、信息集成库等实现诸如询价、报价、促成交易等全方位的网上粮食电子商务模式。

5.科技创新服务体系

科技创新服务体系主要包括科技创新机制的建立、科技创新模式、科技创新项目、科技成果的筛选、工程评估与实施等服务体系的设计、信息采集与管理。涉及种植技术、病虫害防治、仓储技术、深加工技术、检疫监测、粮机技术、可再生能源等专业领域。

6.产业决策服务体系

产业决策服务体系主要包括围绕小麦生产、贮藏与加工、市场交易与流通三大环节的需求，为小麦产业化开发提供科学规划、导向、决策等技术和信息服务。

7.政策法规咨询服务体系

政策法规咨询服务体系主要包括小麦生产、贮藏、加工、销售、物流、食品安全等方面的政策法规、生活中的主要政策法规、专家在线政策法规咨询等服务体系的设计、信息采集与管理。

8.人才需求服务体系

人才需求服务体系主要包括根据小麦产业各环节对人才的要求，提供小麦生产、病虫害防治、小麦贮藏与加工、市场交易与管理、小麦物流信息与装备等专业技术型人才的供需服务、信息采集与管理，为小麦产业发展提供所需各类型人员。

9.技能培训服务体系

技能培训服务体系主要包括小麦生产、病虫害防治、贮藏与加工、市场交易与管理、小麦物流信息与装备等方面的经验交流、技能型人才的培训，科技人员专题报告等服务体系的设计、信息采集与管理。

10.对外交流与合作服务体系

对外交流与合作服务体系主要包括以小麦科技信息全球化为主线，实施小麦科技信息资源共享，提供国际小麦优良品种信息、引进方式与生产技术交流、学术交流、小麦生产与加工技术合作、专题研讨、参观学习等建设内容的设计、信息采集与管理。

第二节　小麦产业化服务经营模式

一　优质专用小麦产业化经营的基本模式

优质专用小麦的生产以加工和商品化为依托，与流通、加工企业联合，建立基地，订单种植，产加销一条龙、贸工农一体化，实现优质专用小麦的产业化经营，既符合我国农业发展的潮流，又有利于小麦生产的可持续发展，是确保小麦优质专用、优质优价的有效途径。小麦订单种植和收购的模式主要有以下几种。

1."基地农户(产区农业部门)+ 流通企业 + 用麦企业"的模式

此模式以流通企业为核心。由于许多加工企业往往没有很多专门从事小麦流通的收购人员，原料来源主要是通过大型的专业粮食流通企业，这样，流通企业与产区的农户或农业部门签订订单收购合同，通过农业部门组织农户建立基地，集中连片生产优质专用小麦。可由农业部门代替流通企业组织收购，也可在产区农业部门或粮管所提供适当仓储设施的前提下，粮食流通企业自行组织收购。一般资金、费用、储运等相关事务一律由流通企业负责，随收随运，再由流通企业销售给用麦企业。

2."本地龙头企业 + 产区农业部门 + 基地农户"的订单模式

由农业部门牵头引导，或直接由本地龙头加工企业与本地乡村优质专用小麦生产基地签订生产合同。农业部门组织农户建立基地，统一集中供种，确保种子质量，统一制定标准化生产操作规程并组织实施，收获后由订单企业直接收购。

3."外地加工企业 + 产区农业部门 + 基地农户"的订单模式

这种模式主要是产区的农业部门以召开产销衔接会等形式,吸引外地的加工企业或是外地的加工企业慕名到小麦主产区建立基地,进行订单种植。

4."用麦企业 + 中介组织 + 基地农户"的订单模式

近年来,各地成立的致力于开发麦业的中介公司、专业协会等中介组织,一头连着龙头企业,一头连着基地与农户。一方面与生产基地农户分别签订生产和收购合同,负责对基地农户供种、技术指导和收购商品小麦;另一方面与加工或流通等用麦企业签订销售合同,将组织生产收购的优质专用小麦销往用麦企业。

5."专家讲座 + 咨询服务 + 现场指导"的技术服务模式

该模式以小麦科技平台为主体,以农户、农民为服务对象,以科学储粮、减损保质为目的,在科技专家技术指导下,以小麦产后安全贮藏,防虫防霉,降低真菌毒素、细菌毒素对小麦的污染,减损保质为工作中心,深入实施"全程跟踪"的科技服务。通过专家技术服务和咨询服务,对农民农户进行小麦防虫防霉、降低真菌毒素污染等的技术培训和技术指导,确保小麦产后安全贮藏,真正把农民的利益、企业的效益、食品安全、消费者的健康需求紧密联系在一起。

6."专家远程视频诊断和智能化系统"的服务模式

利用信息化技术优势,采用专家远程视频诊断和系统智能化自动诊断的形式,开展远程诊断、远程问答、视频会议、文字互动等远程服务活动,集中各地专家的意见和成果,集思广益,快速形成对小麦或产品的诊断和处理意见,同时使得相近案例处理方法可以在不同的地方得到共享,提供高效、快捷、节省费用的服务。通过知识库、方法库将用户的输入和选择信息进行自动处理,从而获得相关的信息,反馈给用户,达到远程诊断的目的。

二 优质专用小麦产业化经营的主要环节

目前,优质专用小麦产业发展的"瓶颈"主要是:有优质品种但种源不足,有生产基地但标准化技术不到位,有优势企业、品牌但订单不落实、难履行等。这些问题的解决需要通过市场需求,多方面增加投入,并建立良性运行机制,才能取得突破。通过近几年对优质专用小麦产业化经营的探索,优质专用小麦产业化发展重点应抓好产前、产中、产后的各个链式环节。

1.产前

(1)选择优势区域。《优势农产品区域布局规划》明确了重点建设黄淮海、长江下游和大兴安岭沿麓等3个专用小麦优势带,涉及强筋小麦的有河北、山东、河南、陕西、山西、江苏、安徽、黑龙江、内蒙古等9个省(区),弱筋小麦有江苏、安徽、河南、湖北等4个省。

(2)选择优质品种。经过育种部门的努力,我国已选育出豫麦34、豫麦9409、豫麦8901、济麦20、烟农19、皖麦38、皖麦33、龙辐麦12、龙麦26、苏徐2号、淮麦20、郑麦9023、白硬冬2号、高优503等强筋小麦品种和扬麦9号、扬麦13号、宁麦9号、建麦1号、扬辐麦2号、皖麦48、豫麦50等弱筋小麦品种。但是产业化经营中所指的优质品种不仅是过去育种部门所推荐的品种,而且要经过农技推广部门大面积实践、得到农民欢迎和市场企业认可的品种,即应是育种、推广、农户、企业共同认可的优质品种。

(3)选择优势龙头企业订单生产。订单企业选择的原则:一是具有较强的年加工(流通)能力,一般以小麦为原料的食品加工企业年采购量在

5×10^4 t 以上，面粉加工企业的小麦年采购量在 10×10^4 t 以上，流通企业的年采购量在 20×10^4 t 以上；二是实力雄厚，生产设备和工艺先进，产品质量高，销售市场广阔；三是产业化运营机制顺畅，富有活力，信誉好，确保优质优价收购，农民增收带动能力强。

2.产中

（1）基地的规模集中连片。有利于统一品种、统一生产措施、统一收储、统一质量。基地的连片规模不必贪大，而应当求实，一般 2 000~3 333.3 hm^2 可以形成 1×10^4 ~2×10^4 t 的优质小麦商品，就可以达到企业的市场订单规模。

（2）选择优势生产技术。以江苏省的小麦优势生产技术为例，主要包括以下 4 个方面的技术内容：

一是省工节本、轻型高效技术。如稻茬免（少）耕机条播小麦在水稻收获后选用江南 2BG-6A 型等条播机，一次作业完成灭茬、开沟、播种、覆土和镇压等五道工序。

二是调优栽培技术。优质强筋小麦强调适期精量播种，增氮后移，高效施肥。每 667 m^2 产 500 kg 施纯氮 18~20 kg，基追比控制在 5:5，追肥中壮蘖肥（或作平衡肥于冬前施用）用量占一生总施氮量的 10%~15%，拔节肥（倒 3 叶期施用）施用量占一生总施氮量的 10%~15%，孕穗肥（倒 1 叶施用）施用量占一生总施氮量的 20%~25%。在基础肥力较高、总施氮量每 667 m^2 14~16 kg 条件下，氮肥基追比甚至可以调整到 3:7。而优质弱筋小麦与传统的高产栽培不尽一致，强调适期早播，降氮前移，增磷补钾，提高肥料利用效率。每 667 m^2 产 400 kg 施纯氮 12~14 kg，基追比控制在 7:3，追肥中平衡接力肥占 10%~15%，拔节肥占 15%~20%，追肥时间为倒 3 叶期。

三是高效立体种养技术。小麦间套复种技术即以小麦为主体，参与其他粮、棉、油、菜、瓜等两种或两种以上生育季节相近的作物，在同一地块内分行或分带(条带)、同时或错时播种或栽植，利用搭配作物生态特点、生育期长短的时间差和植株高矮的空间差，以及根系分布的层次差和对土壤条件要求的营养差，实行间套复种，更有效地利用自然资源和生产条件，生产更多的农副产品，获得整个轮作周期更大的经济效益、社会效益和生态效益。主要有麦粮、麦棉、麦油、麦菜(瓜)等几种类型，例如小麦/玉米(或大豆)、小麦/甘薯、小麦/棉花、小麦/花生、小麦(或越冬菜)/玉米/大白菜(或秋菜)、小麦(或大蒜)/棉花、小麦(或越冬菜)/棉花(或绿豆)等。

四是肥药安全施用技术。如生物有机肥、精制有机肥的示范应用，病、虫、草、鼠的无害化防治等。

上述这些技术，需要通过培训宣传，实现农民的知识更新，才能够落实到农户、落实到田头。这就牵涉到标准化生产技术规程的研究制定、审定颁布和推广实施，即把优势生产技术与常规栽培措施整合、集成，形成标准供优质商品粮基地应用。在技术和规程的推广过程中，提倡"双卡制"或"三卡制"，即把生产技术关键与统一供种、订单优质优价收购等措施，印刷成优质专用小麦种植卡，简单易行，便于农民掌握。

(3)组织考察观摩。适时组织有效的考察观摩，既是培训宣传和推广新品种、新技术的有效手段，同时又可邀请订单企业参加，征求意见，促进订单履行。

3.产后

(1)及时收获，分品种贮存，保证商品小麦品质的一致性。

(2)及时检测质量并发布，吸引流通加工企业衔接。

(3)及时优质优价收购，兑现农户订单，并实现市场流通与加工增值。

三 优质专用小麦产业化经营的技术关键

1.实现区域优势资源合理配置是产业化经营的基础

根据当地的气候和土壤资源条件，满足优质小麦生产的环境要求，实现区域优势资源的科学合理配置，是优质专用小麦产业化经营成功的基本保障。

2.充分发挥农业技术推广服务部门的作用

农技服务部门长期以来以公益性推广和追求社会效益为己任，但在市场经济条件下，其工作职能正在严重弱化和受到严峻挑战，迫切需要转变职能。而优质专用小麦产业化经营中产业的发展以及优质优价实现农民增收等目标，都需要龙头企业带动，但我国的家庭联产承包责任制和农户分散经营的实际，使得龙头企业既不愿意直接面对农户订单和收购，又不愿依靠经营理念和机制落后的粮食部门。在这种情况下，既了解生产、又了解市场，一头联系千家万户的小生产、一头联系千变万化的大市场的农技部门就发挥了巨大的作用，成为企业合作的选择对象，但农技部门的仓储和经营实力有限，因此，农技部门在优质专用小麦产业化经营中应不断探索公益性推广和产销衔接的有机结合，不断完善产业化合作的条件，适应市场需求，推进产业化经营的发展，以取得较好的经济效益和社会效益。

3.建立和完善有效的中介组织

农技推广服务部门、各类合作经济组织、专业协会、批发市场、农民经纪人等是目前承担优质专用小麦中介服务的一些基本组织形式。目前已有很多地方成立了各种专业合作经济组织，主要是农民自发、农民经纪人牵头成立的，人员组成较单一，多是从产后销售的角度出发，当然也有一些合作经济组织取得了一定的效果，但是由于经营规模小、经济实力差、组成人员层次低、专业性人才缺乏等原因，导致中介组织发育迟缓，市场产销衔接脱节现象较为突出。在这种形势下，中国大宗农产品的专业协会或合作社怎么组织和运作，值得深思。横向上，可以探索在优质专用小麦基地以基层农技服务部门为主体，联合产前、产后，组建地方优质专用小麦产业协会，一方面可以发挥其熟悉产前、产中、产后情况的特长，继续进行技术推广和指导农民；另一方面可以当好中介，进行产销衔接，促成订单履行和优质优价，并获得一定的中介服务费。在纵向上要遵循自下而上的原则，充分考虑农民的意愿，基层的试点成功后总结经验进行推广，条件充分成熟后，再将其联合成立上一级的产业协会，吸纳育种、科研、推广、流通、加工企业以及农户等多方面成员，充分发挥部门合作和区域协作的集体优势，形成多元化、多渠道、多层次的农业社会化服务体系，提高优质专用小麦产业的整体竞争力。同时，在政府有关部门的扶持和引导下，要注意借鉴发达国家粮食产业化的成功经验，建议成立中国小麦协会，积极发挥行业协会在产业化经营中的作用，指导各地的优质专用小麦产业化经营，由政府或行政委托，发挥建立基地、产销衔接、品质监控、信息发布、市场营销等公正权威的职能，真正把优质专用小麦产业置于市场经济大潮中并立于不败之地。

4.探索建立良性的产业化运行机制

随着优质专用小麦需求的不断扩大以及农民对优质优价的迫切要求，由流通、加工企业通过预约生产形成“订单”将成为其进入流通的重要方式，但目前实行订单生产的面积仍很少，如江苏优质专用小麦品种面积已达70%，但科技含量、组织化程度较高的优质专用小麦基地面积只有30%，而实行订单种植、优质优价的面积仅占10%。因此应扩大订单面积，并且把目前由政府提倡转变成市场行为，企业根据市场供求，建立订单生产基地，充分发挥企业的自身优势，加强主导产业龙头企业与农民的利益结合,积极搞活粮食流通市场。

产业化方式的核心是订单生产。但目前订单农业的最大问题是履行难,企业或农户有时出于自身利益会单方面违约,在市场行情和价格上扬时,惜售抬价,农户违约;在市场行情和价格低迷时,压级压价,企业违约。而目前由于法律法规不健全,对农产品订单的违约行为尚无有力的约束机制,导致订单的履约率低,影响了优质优价。因此,除了需要涉及产业链各部门各环节相互协作、互惠互利、平等竞争、共同发展外,要不断探索多部门一体化的运营机制和合股经营机制。例如生产基地与订单企业一体化,基地农户或代表其利益的产业协会与订单企业共建或合伙,利益均沾,企业获利返还,农民得到二次分配。

5.培育和打造知名小麦品牌

品牌就是效益,品牌就是市场,品牌就是竞争力。通过有关项目建设,达到区域化的规模生产,科学化的管理体制,高质量的产品标准,讲信誉的市场理念,创建具有区域品质特色的地方小麦及专用粉品牌。通过基地、品种、技术的综合运用,生产出具有优质专用、稳定一致、保质保量的商品小麦,创建品牌;在此基础上,宣传品牌,维护品牌,通过品牌带动一方经济,将资源优势变为商品优势,最后形成经济效益,发展成地方支柱产业。

第三节 优质小麦公共品牌建设

安徽小麦常年种植面积 4 000 万亩以上,2005 年以来,通过持续实施小麦高产攻关活动,小麦单产水平逐年提高;2007 年首次超过全国平均水平,为国家粮食安全做出了重要贡献。随着产量不断提升,小麦需求结构性矛盾凸显。为努力破解小麦产品结构不合理和发展不平衡、不充分的局面，探索构建生态粮食产业化发展模式，2015年我省在全国率先启动品牌粮食试点工作，小麦生产上，引导各地调整结构，扩大发展皖北强筋小麦和江淮弱筋小麦为主的优质专用小麦订单生产，推进绿色发展、品牌发展和产品提质、产业增效。

一 重点工作

1.优化区域布局，实行规模种植

因地制宜制定基地建设方案，选择农田基础较好、生产水平较高、具有一定群众基础、布局相对集中的乡镇建设专用品牌小麦生产基地，并保持相对稳定。扩大规模化种植，支持新型农业经营主体参与规模种植。每个规模种植户、行政村原则上种植同一个品种。

2.开展标准化生产

要按照优质专用小麦分品种配套栽培技术进行生产。各级农技服务部门要成立技术指导组，指导农民落实配套栽培技术并开展标准化生产，重点指导农民推广应用新品种、病虫害统防统治、防冻害、防倒伏、科学施肥、深耕深松等技术措施。

3.开展订单生产

参与基地建设的粮食加工收购主体应当具有较强品牌溢价能力，且年加工专用小麦能力在1×10^5 t以上的粮食精深加工企业。专用品牌小麦生产基地全部实行订单生产，粮食加工收购企业须与基地所在的村或生产经营主体签订规范的专用品牌小麦生产和产品收购协议。鼓励由专用品牌粮食加工企业牵头，联合农民专业合作社、家庭农场、种粮大户和农业社会化服务组织等组建专用品牌粮食产业化联合体，通过要素、产业和利益的紧密连接，推动粮食精深加工，做大做强绿色粮食品牌，实现粮食全价值链的利益共享。

4.加强品种选育推广

通过近三年各级农技部门的区域试验推广和科研院所品种选育，着力加强优质强筋、弱筋品种的选育，研究集中连片规模化种植的品质规律，初步形成了以新麦26、安科157等为代表的强筋小麦品种，和以扬麦、宁麦系列为代表的弱筋小麦品种。同时，选育出以荃麦725为代表的中弱筋小麦品种，专用于茅台等高档酒原料。

5.开展统一供种

专用品牌小麦生产基地供种数量按每亩12.5 kg标准，基地种子由签订生产与产品回收协议的粮食加工收购主体统一采购供种。专用品牌小麦生产基地提倡全面使用包衣种子。

6.配套好技术服务

专用品牌小麦生产基地推广普及重大病虫害统防统治、测土配方施肥、化肥及农药减量等绿色增效技术。农业部门负责制定专用品牌小麦生产技术方案，指导技术落实。全程社会化服务、重大病虫害统防统治，原则上由粮食加工收购主体牵头组织，由农村集体组织、专业化农业服务组织、服务型农民合作社等具体实施。整合粮食加工主体、种子企业、社会化服务组织联手组建产业化联合体，提供优质全程社会化服务，开展代耕、代种、代管、代收服务。

目前已形成提高增加氮肥用量为主的强筋品种小麦和控制后期施氮量的弱筋品种小麦种植技术规程。在弱筋小麦生产上重点针对江淮稻茬麦区，大力宣传推广科学播种技术，强调“三适”播种。针对后期雨水多，根系生长量少，易造成早衰，大力宣传推广稻茬麦三沟配套技术。

7.优质优价收购

粮食加工收购主体在专用品牌小麦生产和产品收购协议中，要明确质量标准、收购价格、收购方式、收购时间,及时足额收购基地生产的符合质量标准的专用小麦。收购价格应体现优质优价原则,以高于当时普通小麦市场价格一定幅度收购。

二 扶持政策

1.实施种植业提质增效工程

种植业提质增效工程核心是主攻优质专用粮食生产，小麦生产上"抓两头带中间",淮北麦区优先发展强筋小麦,江淮麦区优先发展弱筋小麦,同步提升具有安徽地方特色的中筋和中强筋小麦品质。在全省70个粮食主产县建立300个粮食提质增效示范点,建设优质专用粮食生产基地1 000万亩,每市建立1~2个省级优质专用粮食标准化示范基地,全部实行订单生产,促进种植业提质增效,提升种粮效益。

2.发挥政策激励作用

充分发挥财政资金撬动作用,综合利用信贷、保险等措施,积极构建多元投入机制。2018年利用8 000万元粮食发展专项资金,着力打造粮食提质增效模式攻关示范区点,创建80个粮食结构调整示范片,辐射带动优质专用粮食生产基地建设,进一步优化粮食生产结构,提升生产效益。同时,将绿色高质高效创建、一二三产融合等项目向优质专用粮食生产倾斜。

3.强化品牌培育保护

坚持企业主体,加强协调指导服务,着力从规范认证、试点示范、展示展销、品牌传播、品牌研发等方面开展工作,加大专用品牌粮食培育、塑造、营销推介和宣传保护。组织实施"绿色皖农"品牌培育计划。通过将原粮、成品粮转化为生熟主食产品的产业链跃升,增加粮食产品附加值,带动优质专用粮食发展。强化品牌质量保证全程管理体系和诚信体系建设。推行专用品牌粮食全程标准化，依法经营品牌，严厉打击和惩罚假冒伪劣品牌行为。

三 保障机制

通过多年的探索实践，安徽省优质专用粮食生产初步形成了“省级决策、部门指导、县级组织、户企联合、科技助推”的优质专用粮食生产新机制。

1.省级决策

省委、省政府高度重视优质专用粮食生产，在安徽省推进《农业产业化加快发展实施方案》中明确提出全省发展优质专用粮食基地 1 500 万亩的举措。

2.部门指导

省农委会同相关部门在优质专用粮食试点基础上，进一步摸清家底、调整思路，结合各地资源禀赋和市场需求，全力组织优质专用小麦、水稻生产基地建设并印发实施方案。

3.县级组织

县级政府负责搭建产销平台和生产任务具体落实，监督订单履约情况。充分发挥产业联合体作用，引导和推动粮食加工龙头企业与基地实行订单生产、高价回收、单收单储，切实提高种粮效益，提升农户种植积极性。

4.户企联合

经营主体、种植户和用粮企业以订单为纽带，实行统一品种、规模化生产、标准化管理、单收、单储、单加工的产加销经营模式，提升原粮增值空间，构建品牌粮创建基础，大力发展优质专用（品牌）粮食生产。

5.科技助推

依托省农业政产学研推协作联盟，开展专用品种、生产标准、加工流通等全产业链研究，科学指导优质专用粮食发展，做好技术服务。

参 考 文 献

[1] 农业部小麦专家指导组.中国小麦品质区划与高产优质栽培[M].北京:中国农业出版社,2011.

[2] 程顺和,郭文善,王龙俊.中国南方小麦[M].南京:江苏科学技术出版社,2012.

[3] 赵广才.小麦优质高产栽培理论与技术[M].北京:中国农业科学技术出版社,2017.

[4] 胡承霖.安徽麦作学[M].合肥:安徽科学技术出版社,2009.

[5] 焦善伟.2021 年度国内小麦市场形势展望[J].种业导刊,2021(3): 14-17.

[6] 刘焕江,程挺.从农田到餐桌安全的南阳做法[J].农村.农业.农民(B 版),2018(1): 22-24.

[7] 刘海军.建设优质小麦生产基地浅析[J].农业技术与装备,2009(4): 35-36.

[8] 崔贺云.漯河市多措并举优质专用小麦发展成效明显[J].河南农业,2021(10): 64.

[9] 林燕金,魏秀清,章希娟,等.福建省枇杷种植区划与品种结构布局[J].福建果树,2011(1): 49-52.

[10] 牛俊芝.小麦优质种子的提纯复壮与繁育技术[J].安徽农学通报,2008,14(16): 154-155.

[11] 宋文亮.小麦种子优质高产繁殖技术[J].种子科技,2010,28(9): 43.

[12] 欧行奇.小麦种子生产理论与技术[M].北京:中国农业科学技术出版社,2006.

[13] 罗筱平,肖层林.作物种子生产学:南方本[M].北京:中国农业出版社,2018.

[14] 冀卫平.浅谈如何搞好小麦种子繁育工作[J].种子科技,2019,37(13): 66-67.

[15] 王斌章,李学乾.优质专用小麦良种快速繁殖技术[J].农业科技通讯,2000(12):7.

[16] 王成超,张宁宁,杜建菊,等.小麦良种集约化繁殖生产与大面积推广应用[J].种子科技,2010,28(3): 29-31.

[17] 曹卫星,郭文善,王龙俊,等.小麦品质生理生态及调优技术[M].北京:中国农业出版社,2005.

[18] 单玉珊.小麦高产栽培技术原理[M].北京:科学出版社,2001.

[19] 林同保,王志强,何霄嘉,等.黄淮海冬小麦适应气候变化技术研究[M].北京:科学出版社,2018.

[20] 朱峰峰.优质强筋小麦高产栽培技术及应用分析[J].农业技术与装备,2020(10): 154-155.

[21] 王芳,吴长城,王家润,等.强筋小麦高产栽培技术[J].种业导刊,2019(6): 21-22.

[22] 朱军霞.强筋冬小麦绿色高产优质栽培技术[J].现代农村科技,2018(10): 17-18.

[23] 杜正林.优质强筋小麦高效经济种植管理技术[J].农家参谋,2021(3): 29-30.

[24] 杜宇笑,李鑫格,王雪,等.不同产量水平稻茬小麦氮素需求特征研究[J].作物学报,2020,46(11): 1780-1789.

[25] 郭金梁,周月凤.不同作物的茬口特性与轮作[J].现代化农业,2013(2): 27-28.

[26] 杨文钰,屠乃美.作物栽培学各论:南方本[M]2 版.北京:中国农业出版社,2003.

[27] 胡承霖.安徽江淮区域小麦高产工程技术等[M].合肥:安徽科学技术出版社,2008.

[28] 王龙俊,郭文善,封超年.小麦高产优质栽培新技术[M].上海:上海科学技术出版社,2000.

[29] 赵志会.小麦种植及病虫害防治技术分析[J].农业与技术,2018,38(2):138.
[30] 徐月明.中弱筋小麦优质高产群体质量和株型指标与生理基础研究[D].扬州:扬州大学,2004.
[31] 张文静,江东国,黄正来,等.氮肥施用对稻茬小麦冠层结构及产量、品质的影响[J].麦类作物学报,2018,38(2):164-174.
[32] 江东国,黄正来,张文静,等.晚播条件下施氮量对稻茬小麦氮素吸收及产量的影响[J].麦类作物学报,2019,39(10):1211-1221.
[33] 黄正来,胡霞,马传喜.追施氮肥对皖麦 48 产量及主要品质性状的影响[J].安徽农业大学学报,2009,36(3):426-430.
[34] 黄正来,杜世州,王中利,等.基因型和播期对不同筋力小麦淀粉糊化特性的影响[J].安徽农业大学学报,2006,33(1):17-20.
[35] 朱磊,薛莉.优质高产小麦栽培技术的对策分析[J].农业工程技术,2016,36(35):50,56.
[36] 张书锋.小麦优质高产栽培技术及具体对策[J].农业开发与装备,2021(2):173-174.
[37] 张丽华.小麦优质高产栽培技术[J].河南农业,2021(10):59-60.
[38] 王秀芹,王治国,王骞,等.小麦绿色优质高产栽培技术[J].现代农业科技,2020(23):22,25.
[39] 王玉敏.冬小麦优质高产栽培技术[J].现代农村科技,2020(12):19-20.
[40] 邱化义,赵德群,李大晨.涡阳县小麦绿色丰产高效栽培技术[J].现代农业科技,2017(3):23-26.
[41] 柏瑞芬.浅析小麦优质高产高效绿色栽培管理技术[J].种子科技,2021,39(5):26-27.
[42] 朱玲.浅析萧县小麦高产优质的主要障碍因子及技术对策[J].安徽农学通报,2021,27(7):47-48.
[43] 张文举.淮北地区中强筋小麦优质高产栽培技术及春季管理[J].安徽农学通报,2011,17(10):102-103.

[44] 刘兴刚.太和县小麦优质高产栽培技术[J].现代农业科技,2012(7):63-66.
[45] 王振兴.皖北地区优质高产小麦栽培技术[J].现代农业科技,2008(3):161.
[46] 李金才,魏凤珍,张文静,等.沿淮淮北小麦高产优质高效栽培技术[J].安徽农业科学,2003,31(4):533–534.
[47] 尹志刚,李刚.弱筋小麦扬麦 15 优质、高效栽培技术示范[J].乡村科技,2019(28):90-91.
[48] 吴宏亚,张伯桥,汪尊杰,等.优质弱筋抗白粉病小麦新品种扬麦 22 的选育及配套栽培技术[J].江苏农业科学,2013,41(11):109,112.
[49] 方万英,储海萍.优质弱筋小麦扬麦 13 特征特性及高产栽培技术[J].现代农业科技,2008(16):201.
[50] 吴纯德,章玉莲.小麦保优高产栽培技术[J].安徽农学通报,2008,14(2):112-113.
[51] 杨胜鹏,陈宏,戚士章,等.优质弱筋专用小麦高产栽培技术[J].现代农业科技,2006(8):113.
[52] 农业部农民科技教育培训中心.优质弱筋专用小麦保优节本栽培技术[M].北京:中国农业出版社,2006.
[53] 武月梅,王瑞华.现代小麦栽培实用技术[M].北京:中国农业科学技术出版社,2014.
[54] 卞科,郑学玲.谷物化学[M].北京:科学出版社,2017.
[55] 陆启玉.挂面生产设备与工艺[M].北京:化学工业出版社,2007.
[56] 王立,曹新蕾,钱海峰,等.方便面研究现状及发展趋势[J].食品与发酵工业,2016,42(1):252-259.
[57] 李利民,郑学玲,孙志.小麦深加工及综合利用技术[J].现代面粉工业,2009,23(2):45-48.